走出硝烟的精益敏捷

我们如何实施Scrum和Kanban

[瑞典]亨里克·克里伯格　马蒂斯·斯加林　著

李剑　译

清華大學出版社

北　京

内容简介

本书真实反映了一个团队的精益敏捷落地过程。第Ⅰ部分介绍了团队是如何实施主流敏捷方法Scrum的。主题涵盖如何写产品列表，如何准备、制定、公开和编写计划，如何布置团队空间，如何开每日站会，如何做演示和回顾，如何对待固定价格的合同，如何结合使用Scrum和XP，如何做测试，如何管理多个团队，如何管理分布式团队。最后，作者还给出了一个很有价值的ScrumMaster检查清单。第Ⅱ部分主要介绍Scrum和Kanban的结合使用。在对比两者之后，作者通过一个具体的案例来说明如何搭配使用两种方法来实现价值最大化。

本书行文风趣，具备较强的知识性和可读性，适合所有打算导入并实施精益敏捷的软件从业人员阅读和参考。

图书在版编目(CIP)数据

走出硝烟的精益敏捷：我们如何实施Scrum和Kanban/（瑞典）亨里克·克里伯格，（瑞典）马蒂斯·斯加林著；李剑译. —北京：清华大学出版社，2019.10（2022.9重印）
ISBN 978-7-302-53863-9

Ⅰ.①走… Ⅱ.①亨… ②马… ③李… Ⅲ.①软件开发—项目管理 Ⅳ.①TP311.52

中国版本图书馆CIP数据核字（2019）第207185号

责任编辑： 文开琪
封面设计： 李 坤
版式设计： 方加青
责任校对： 周剑云
责任印制： 杨 艳

出版发行： 清华大学出版社
　网　址： http://www.tup.com.cn，http://www.wqbook.com
　地　址： 北京清华大学学研大厦A座　　**邮　编：** 100084
　社 总 机： 010-83470000　　**邮　购：** 010-62786544
　投稿与读者服务： 010-62776969，c-service@tup.tsinghua.edu.cn
　质 量 反 馈： 010-62772015，zhiliang@tup.tsinghua.edu.cn
印 装 者： 北京博海升彩色印刷有限公司
经　销： 全国新华书店
开　本： 178mm×230mm　　**印　张：** 12.5　　**字　数：** 275千字
版　次： 2019年11月第1版　　**印　次：** 2022年9月第3次印刷
定　价： 69.80元

产品编号：083107-01

推荐序1

杰夫·苏瑟兰（Jeff Sutherland）
Scrum联合创始人，《敏捷革命》作者

开发团队需要了解一些Scrum的基础知识。该怎样创建产品backlog，对它进行估算？怎样把它转化成sprint backlog？怎样管理燃尽图（burndown chart），计算团队的生产率（velocity）？Henrik的书可以用作一些基础实践的入门指南，帮助团队从试用Scrum中成长，最终成功地实施Scrum。

当前，良好的Scrum执行过程对需要风险投资的团队正在变得日益重要。我现在是一个风险投资团队的敏捷教练。为了帮助他们达成目标，我给出一个建议："只投敏捷实践实施情况良好的敏捷公司。"团队中的高级合伙人（senior partner）向所有待投资的企业提出同一个问题："你们是否清楚团队的生产率？"目前他们都很难做出明确的答复。要想在将来得到投资，开发团队必须清楚自己的软件生产率。

为什么这一点如此重要呢？如果团队不清楚自己的生产率，那么产品负责人（product owner）就无法用可靠的发布日期来创建产品路线图。如果没有可靠的发布日期，公司的产品就可能失败，投资人的钱就有可能化为乌有！

无论公司规模大小，创办时间长短，或者是否有资金注入，这个问题都是必须要面对的。最近在伦敦举办的一个大会上，我们讨论谷歌内部的Scrum实施状况，当时的听众有135人，我问他们中有多少人在用Scrum，只有30个人举手。我接着又问他们是否在根据诺基亚标准来做迭代开发。迭代开发是敏捷宣言的基本原则——在早期频繁地交付可工作的软件。诺基亚用几年时间对上百个Scrum团队的工作进行回顾，总结出迭代开发的基本需求。

- 迭代要有固定时长（称为"时间盒"，即timebox），不能超过6个星期。
- 在每一次迭代的结尾，代码都必须经过QA的测试，能够正常工作。

使用Scrum的30个人里面，只有一半人说他们遵守了诺基亚标准，符合敏捷宣言的首要原则。我又问他们是否遵守了诺基亚的Scrum标准。

- Scrum团队必须要有产品负责人，而且团队都清楚这个人是谁。
- 产品负责人必须要有产品backlog，其中包括团队对它进行的估算。

- 团队必须要有燃尽图，而且要了解他们自己的生产率。
- 在一个sprint中，外人不能干涉团队的工作。

仅有的30个实践Scrum的在场人士中，只有3个能够通过诺基亚的Scrum测试。看来只有这几个团队才有可能在将来得到我这些风险投资伙伴的钱了。

如果按照亨里克列出的实践执行，你会拥有如下产物：产品backlog、对于这个backlog的估算、燃尽图；你会了解团队的生产率，并掌握切实有效的Scrum过程中所包含的众多基础实践。这些收获就是本书的价值所在。你将通过诺基亚的Scrum测试，对工作的投资也会创造价值。如果你的公司还正处于创业阶段，也许还会收到风险投资团队的资金注入。你也许有望参考打造软件开发的未来，成为下一代软件产品中领军产品的创建者。

推荐序2

迈克·科恩（Mike Cohn）
《敏捷软件开发：用户故事实战》和《敏捷软件开发：Scrum成功之道》作者

Scrum和极限编程（XP）都要求团队在每一次迭代的结尾完成一些可以交付的部分工作成果。迭代要短，有时间限制。将注意力集中于在短时间内交付可工作的代码，这就意味着Scrum和XP团队没有时间进行理论研究。他们不会花时间用建模工具来画UML图和编写完美的需求文档，也不会为了应对在可预计的未来中所有可能发生的变化而去写代码。实际上，Scrum和XP都关注如何把事情做好。这些团队承认在开发过程中会犯错，但是他们明白："要投入实践中，动手去构建产品，这才是找出错误的最好方式；不要只是停留在理论层次上对软件进行分析和设计"。

注重实践而非理论研究，这正是本书的独到之处。亨里克·克里博格（Henrik Kniberg）很清楚，初涉门径的人更需要这种书籍。他没有对"什么是Scrum"进行冗长的描述，只是给出了一些网站作为参考。从一开始他就在讲他的团队如何管理产品backlog，并基于它进行工作。接着他又讲述了成功的敏捷项目中包含的所有元素和实践。没有理论，没有引用，没有脚注，没有废话。亨里克的书没有从哲学角度上分析为什么Scrum可以工作，没有分析为什么你可能会尝试不同的选择。它描述的是一个成功敏捷团队的工作过程。

所以本书书名中的"我们如何实施Scrum"才显得格外贴切。这也许不是你实施Scrum的方式，这是亨里克的团队实施Scrum的方式。你也许会问："为什么我要关心别的团队怎样实施Scrum？"这是因为通过关注其他团队的实施过程，尤其是成功的案例，我们可以学到更好的实施方式。这不是，也永远不会是"Scrum最佳实践"的罗列，因为团队和项目的真实场景比其他一切重要得多。我们应该了解的是优秀实践及其应用范围，而不是最佳实践。在读过足够多的成功团队的实践经验以后，你便会做好充分的准备，从容面对实施Scrum和XP的过程中会遇到的艰难险阻。

亨里克提供了很多优秀实践，还有对应的使用场景。通过它们，我们能够更好地掌握如何在自己的项目中，在充满硝烟的战壕里使用Scrum和XP。

推荐序3

玛丽·波朋迪克（Mary Poppendieck）

亨里克·克里伯格（Henrik Kniberg）身上有一种稀有的特质，他可以从复杂的问题中剥离掉无关的因素，提取出最核心的思想，以最清澈、最透明的方式讲述出来，让人觉得这些知识竟然前所未有地简单易懂。他在这本书里完成了一项壮举。他解释了Scrum和Kanban的区别，让读者明白它们不过是工具而已，我们所要做的是打造一个完备的工具箱，彻底弄懂每一项工具的长处和局限，明白什么情况下用什么工具。

在这本书中，你会了解到Kanban所要解决的问题域、它的强项和弱点、使用时机。你也会学到很精彩的一课——Scrum或是你手头任何一款工具的改进时机和方案。亨里克在书中讲得很明白，一开始选用什么工具并不重要，重要的是你要不断改进它的用法，不断扩充自己的工具箱。

马蒂斯·斯加林（Mattias Skarin）讲述了Scrum和Kanban在真实场景中的应用，把这本书变得更加精彩纷呈。这两个工具或单兵突击，或联合作战，都在推动着软件开发过程改进的步伐。他们讲到，世界上没有“最好”的方式，每个人都需要在自己的场景中思考，找到继续前行的方向。

推荐序4

大卫·安德森（David Anderson）

Kanban的本质是一个很朴素的思想：在制品（work-in-progress，WIP）必须要限制。只有当前的某项工作完成交付或是有了来自下游的拉动，新的工作才能开始。Kanban（或信号卡）的含义是，因为当前的工作没到限额，有新任务可以拉进来，于是发出一个肉眼可见的信号。这件事情听上去并不是革命性的变化，也似乎不会对团队和组织的绩效、文化、能力及成熟度产生多么深刻的影响。但它却奇迹般地做到了！Kanban看似不打眼，却能影响业务的方方面面。

我们意识到，Kanban是一种改变管理方针的途径。它不是软件开发、项目管理的生命周期或者流程。它是给现有的软件开发生命周期或者项目管理方法中引入变化的途径。实施Kanban的原则是把当前的工作作为起点，通过价值流分析来理解当前的流程，然后为每个环节中的在制品上限达成共识，让Kanban信号拉动着工作流动起来。

Kanban在敏捷软件开发的团队中成效显著，但也吸引了采用传统开发方式的团队的目光。在对组织文化进行精益改造，推动持续改善的过程中，Kanban往往会被先行引入。

因为WIP在Kanban中是受限制的，所以不管是什么任务因为什么原因受阻，都会对整个系统造成严重的影响。受阻的任务到了一定数量，就会导致整个流程没法运作。无论是团队还是组织，都要聚焦于解决问题并让任务重新流动起来。

Kanban使用可视化管理的方式，跟踪任务在整个价值流中流经的不同阶段。人们通常会用带贴纸的白板或是电子卡片墙。我觉得最好的方式是两个都用。它带来的透明化也推动着文化上的改变。敏捷方法在某些方面已经有了很好的透明管理，例如在制品、已完成的工作、度量（如生产率——在一个迭代中完成的工作数量）；但Kanban做得更深入，它让流程中的所有环节以及工作的流动状态完全呈现在我们眼前。它让人们看到瓶颈、队列、变化和浪费。如此种种都会影响我们交付的有价值的成品数量，影响循环周期，从而影响组织的效益。团队成员和外部相关干系人都可以通过Kanban看到自己的行为（和无为）带来的影响。一些早期的案例分析表明，Kanban改变了人们的行为方式，促进了工作中更为紧密的协作。当人们看到瓶颈、浪费和变化所造成的影响之后，就会开始讨论如何做出改善，团队也会很快把改善方案落实到过程中去。

由此可见，Kanban所提倡的是渐进式演化，逐渐向敏捷和精益的价值观靠拢。它并不要求像秋风扫落叶一般，把过去的工作方式一扫而光；它提倡的是“随风潜入夜，润物细无声”。它的改变是所有人彻底理解并达成共识的。

Kanban具有拉动系统的本质，提倡推迟承诺——不管是对新任务排序，还是交付当前手头的工作。一般来讲，团队会跟上游的相关干系人定期开会，排定接下来要做的工作。这种会议因为时间较短，所以会经常开。干系人在会上要回答一个很简单的问题，例如，“到现在我们又有了两个空出来的位置。我们的循环周期是6周，你最希望在6周之后交付哪两项任务？”这个问题有双重含义。首先，一个简单的问题可以得到快速而明确的答复，缩短会议时间；其次，它还意味着我们要到了最后责任时刻才开始承诺接下来做什么事情。这可以更好地管理用户期望，缩短从承诺到交付的循环周期，而由于优先级变化的可能性减少，返工的几率也就少了。

我要说的最后一点是，制定WIP的限额可以让循环周期更容易预测，让交付更加可靠。出现阻碍或者bug之后的“停线”机制，可以确保质量水准，让返工情况急剧降低。

虽然书中的通透解释隐约映照出一些成长印记，但我们已经没办法还原出Kanban完整的发展路径。Kanban不是在一个短短的午后时光里靠着天赐般的灵感喷涌孕育出来的。它用了多年时间才渐渐形成。那些在文化、能力、成熟度和组织等各方面带来奇迹般改变的哲学和社会学因素都是我们未曾想象过的，但它们切切实实地发生在了眼前。Kanban引发的很多结果都是反直觉的。看上去机械化的操作——WIP上限和拉动式生产——却会对人与人之间交互、协作的方式产生长久深远的影响。不管是我，还是其他人，在刚开始使用Kanban的时候，都没有预想到这一点。

我曾经努力寻找一种阻力最小的改变手段，这才有了后来的Kanban方法。那是2003年发生的事情。一开始我追求的是机械效益，后来在实施精益技术的时候发现，既然管理WIP是有意义的，那么限制它就更有意义了，这还能解放一部分管理方面的精力。于是从2004年起，我就决定从几个首要原则开始推行拉动式系统。微软的一名经理找到我，问我能不能给他的团队引入一些改进，他们当时正在做内部IT系统的维护升级。我最开始用的是基于约束理论的拉动生产方案Drum-Buffer-Rope，效果非常好，循环周期缩短了97%，产出高了三倍，可预测性超出了98%。

2005年，唐纳德·雷勒特森（Donald Reinertsen）劝我把Kanban全面落地。2006年，我得到一个机会，掌管西雅图Corbis公司的软件工程部。2007年，我开始展示实施Kanban的成果。最开始，我在2007年芝加哥的精益新产品开发峰会上做了演讲。同年8月，又在Agile 2007大会的开放空间会议上进行了分享。当时有25人参加，有三个来自雅虎，他们分别是亚伦·桑德斯（Aaron Sanders）、卡尔·斯哥特兰（Karl Scotland）和乔伊·阿诺德（Joe Arnold）。他们各自回到美国加利福尼亚、印度和英国以后，就开始在挣扎着实施Scrum的团队中推行了Kanban。他们还创建了一个雅虎讨论组，在我写下这篇文章的时候，这个讨论组已经有了800个会员。Kanban正在广泛传播中，先行者开始了经验分享。

现在是2009年，Kanban的实施越来越普遍，我们看到了越来越多的一线报告。过去的5年里，我们从Kanban上面学到了很多东西，也会持续学习下去。我现在的工作重心就是实施Kanban、记录Kanban、讲述Kanban和思考Kanban，一切都是为了更好地理解Kanban，把它更好地传播给其他人。我渐渐地不再讨论Kanban和其他敏捷方法的区别，只在2008年的时候花了些时间解释为什么Kanban可以跟敏捷兼容。

像“Kanban跟Scrum比起来怎么样？”这种问题，还是留给更有经验的人来回答吧。我很高兴亨里克和马蒂斯成为了这方面的领军人物。作为知识工作者的你，需要信息来辅助决策和指明道路。亨里克和玛蒂斯以我所不能及的方式满足了你的需求。我尤其欣赏亨里克幽默的文风和他尊重事实且不固执己见的做事方式。他笔下的卡通像和图片远远胜过长篇累牍的文字。马蒂斯的案例分析也很重要，它用事实证明了Kanban不仅仅是理论而已，也许对你的组织会起作用。

我希望你喜欢这本书。它会让你更加深刻地理解敏捷，尤其是Kanban和Scrum。如果想了解更多Kanban的知识，请访问我们的社区网站：The Limited WIP Society，http://www.limitedwipsociety.org/。

推荐序5

吴永强
斑马资本合伙人，去哪儿网前CTO

《敏捷宣言》发表于2001年，那时正值第一代互联网公司的巅峰时期。自那以后，敏捷开发被不断实践、改进和完善，到今天已经被全球各行各业熟悉和接受。我可以毫不夸张地说，敏捷已经成为最主流的软件开发模式，它产生了广泛而深远的影响。

对于初次接触的读者，如果把敏捷开发放到一个宏观的背景下来观察，就更能清晰地理解敏捷开发思想的发展源头和脉络。

以雅虎为代表的第一代商业互联网公司在20世纪90年代的巨大成功标志着人类进入了互联网时代，后续的以搜索和电商为代表的第二代互联网公司，以移动互联网和社交网络为代表的第三代互联网公司，和当前以大数据、AI、IOT为特征的第四代互联网公司正在席卷世界。以信息技术为核心的第四次工业革命不仅对各行各业带来深远的影响，对软件开发的模式也有重要的推动作用。

首先，信息技术的普及和大规模运用带来商业竞争环境的剧烈变化，ERP、MIS、CRM、在线交易和支付在行业中被广泛采用，同时消费者信息获取手段的演进，特别是搜索、推荐、移动互动互联网的出现，使得个人和组织能够全天候、跨地域、大容量地获取和处理各种信息，使原先依赖信息不对称、不透明的商业模式越来越难以为继，用户/客户需求变化越来越快，越来越个性化。商业竞争日趋激烈，原先以规划、预测为基础的商业模式被迫演变成更具创造性的、以探索、验证、反馈、修正和改进为基础的小步快跑的商业模式，从这个角度看，软件开发领域的敏捷革命有着其内在的商业驱动力。

其次，以IP网络为基础的互联网、移动互联网和IOT万物互联网，共同构筑了一个参与设备繁多，随时随地在线的基础平台，人类第一次有能力以极低成本部署和更新大规模IT软件系统。同时，软件/系统的架构也发生巨大的变化，SOA、大规模中间件和API化等分布式架构的建立和采用，系统耦合程度的降低，让我们可以在一个更稳定、更小型化的系统环境里工作。部署成本的大幅降低和分布式系统架构的演进，使敏捷开发所主张的以业务需求为核心、快速迭代交付成为可能，并产生了巨大的价值。

最后，知识经济的最大的特征就是人成为最重要的生产要素，人力资源变成企业的核心战略资源，如何发挥个人的创造性、提高人的生产效率，是企业寻求战略竞争优势的重要途径，而敏捷开发正好前瞻性地解决了这个问题。创造而非执行，赋能而非命令，敏捷开发中强调的小团队、信息透明、沟通密集，都有助于知识工作者在充分发挥自身的创造力的同时凝聚成关系紧密、自组织、具有超高生产力的团队。

本书作者用短短的篇幅生动描述了Scrum敏捷开发模式实施中的核心步骤，书中并没有关于敏捷开发的理论阐述，而是通过详细记录作者实施Scrum敏捷开发的日常实践、实践过程中遇到的冲突和问题以及相应的解决方法，使得读者可以按图索骥，正确实施Scrum敏捷开发，并解决过程中遇到的相关问题。书中相关的图表极具实用性，可以直接拿来运用到实践中。有心的读者也能从书中内容澄清一些常见和重要的误区：譬如只强调成员自驱动而放弃了日常的管理。实际上敏捷开发管理中采用的每日例会、任务板、燃尽图等手段，比传统的开发管理方式更加动态和细致，这也是敏捷开发有更高生产力同时能应对高度动态的业务要求的重要原因。再如忽视计划的重要性，其实作者在书中反复强调Sprint计划会议的重要性，只是相比于传统的开发计划，敏捷开发的计划更强调以业务需求为中心、团队成员取得共识、可衡量的交付结果以及固定的时间窗口等。

信息论之父香农定义“信息是用来消除随机不确定性的东西”，所以进入到信息时代之后，竞争的核心就是谁能更好地收集、处理信息，更快地根据信息做出更好的决策，并能更快收集针对决策的反馈。对国家如是，对企业和个人亦如是。而“敏捷”则是应对上述挑战的一个重要的解决思路，同时也是一个重要的实践方法。读者若能将敏捷的思维用于日常的学习、职业和创业生活中，或许可以得到很多意想不到的启发和效果。

推荐序6

金毅，敏捷咨询师

承蒙文老师的厚爱，让我获得了这个学习机会，并再次思考和总结。

亨里克是我非常钦佩的一位瑞典精益敏捷顾问，他在Crisp咨询公司的BLOG上这样描述自己：“I debug, refactor, and optimize IT companies.（我调试，重构，并优化IT公司）。”

亨里克（Henrik Kniberg）以及后来与马蒂斯合著的两部作品脍炙人口，可以为不同层次的敏捷实践者带来诸多收益。作为一位高产作者，亨里克的文章、书还有各种演讲总是用案例、细节和数据说话，总是能够使同样是敏捷顾问的我感到信服和共鸣。

此外，他还不断尝试推陈出新，与客户共创了很多成功案例或者成功模式，比如他在2012年发布的Spotify规模化敏捷模式，就是他与客户长期合作共同打磨出来的成功的敏捷组织的运作模式。我在这两年为国内银行组织落地实施敏捷部落制时，还会时常参考他的文章。还有就是2016年他发布的乐高敏捷转型案例，只花1天时间就完成了150人的PI计划会，这些成就都是敏捷圈子里的佳话和里程碑。

任何规模化敏捷的基础仍然是小团队的敏捷，而小团队敏捷就离不开看板和Scrum这两种最常用的方法。今年，我为一家银行客户快速启动敏捷团队试点时，就是一天之内建立了物理看板，使用定制的需求卡片和任务便利贴可视化当前项目状态，并召开了第一次站会，这样就开启了一个小团队的敏捷之旅。继而演练了需求梳理和拆分，迭代回顾会等。让一个团队快速感知敏捷是什么？快速带来好处，也同时暴露主要问题。

尽管没有什么敏捷方法是银弹，但是因为存在这些成熟而简单易行的方法，我们至少多了一些抓手来与团队进行交互，更快地了解团队，探测问题，并持续演进和调整。总之，Scrum和看板方法值得敏捷初学者入门时学习，更值得敏捷实践者深入实践，结合实际情况总结出自己的打法，这是每个人都绕不开的学习之路。

亨里克的书提供了精辟的理解，让你在学习和实践中很容易产生共鸣，激发你的思考，鼓励你去尝试。最重要的是，这本书异常精炼，你可以把它当成一个随身携带的小工具箱，为自己的敏捷学习和实践提供实时帮助。

精益敏捷的从入门到精通，很多人都是从这本书开始的，期待你早日拿起这本书，愉快地开启你的精益敏捷旅程！

译者序：敏捷不是说出来的，是……

李剑

孙子兵法有云："兵无常势，水无常形，能因敌变化而取胜者谓之神。"很多人都向往用兵如神的境界，想必也知道"读万卷书不如行万里路"，纸上谈兵的故事更是耳熟能详，但偏偏不能举一反三。

且看风清扬的一段话："……你将这华山派的三四十招融会贯通，设想如何一气呵成，然后全部将它忘了，忘得干干净净，一招也不可留在心中。待会便以什么招数也没有的华山剑法，去跟田伯光对打。"如果有人说，既然"无招胜有招"是武学的最高境界，那干脆什么招数都不要学，拿把剑乱挥乱舞，处处破绽，也就处处无破绽，便是天下第一了。听到这话的人肯定会笑他"太缺心眼"。

我在这里不想解释为什么上面那种说法缺心眼，因为不缺心眼的读者肯定能够理解说他缺心眼的理由。但有句话叫"不识庐山真面目，只缘身在此山中。"对待离自身尚远的事物时，人们可以把它分析得淋漓尽致；但到了自己身上，却往往陷入"当局者迷，旁观者清"的境界，譬如青春，譬如爱情，譬如敏捷软件开发。

我想，这本书的读者大概都知道，现如今敏捷开发是何等炙手可热，但潮流一起，跟风者势必有之。虽然没法在这篇短短的序中逐一批驳，但大家也可以仔细思索一下，在周边是否存在缺心眼的做法。比如，把各种bad smell背下来以后就大谈特谈重构的好处；版本控制、缺陷跟踪和配置管理等一无所有，便好高骛远，一味追求持续集成；单元测试还不会写，就疯狂宣传测试驱动开发……这些都还好，更有甚者，把敏捷等同于迭代，等同于又敏又捷，又快又爽；这也无所谓，只要没有在实际上对敏捷一无所知，对想要达到的目标不甚了了，对项目中存在的问题视若无睹的情况下宣传敏捷，推行敏捷就可以了。但如果前面那些条件都吻合，最后这一点还能不是水到渠成的事么?

其实，敏捷不是说出来的，是干出来的。

是为序。

嘿，Scrum成了！

Scrum成了！至少对我们来说它已经成功了（这里指的是我当前在斯德哥尔摩的客户，名字略过不提）。希望它对你们也一样有用！也许这本书会对你们实施Scrum的过程有所助益。

这是我第一次看到一种开发方法论（哦，对不起，Ken，它是一种框架）可以脱离书本成功运作。它拿来就能用。所有人——包括开发人员、测试人员和经理——都为此而高兴。它帮助我们走出了艰难的境地，而且让我们在剧烈的市场动荡和大规模的公司裁员中依然能够集中精力在项目上。

我不该说我为此感到惊讶，但实情确实如此。在一开始我大致翻了几本讲Scrum的书，它们把Scrum描述得挺不错，却给我留下了一种太过美好以致于不太真实的感觉（我们都知道“某些东西看上去太好了……”这类说法的含义）。所以我没法不对它有一丁点儿点怀疑。但在使用Scrum一年以后，先前的零星疑虑早已烟消云散。我被它深深地震撼了（我们团队中的大部分人都和我一样），以后只要没有充分的理由来阻止我，我都会继续使用Scrum。

致谢

本书初稿完成仅用了一个周末，但很显然，那是一个超高强度工作的周末！投入程度高达150%。

感谢我的妻子索菲亚（Sophia）和两个孩子大卫（Dave）与詹尼（Jenny），我那个周末扔下他们独自工作，他们对此表示了宽容；还要感谢我的岳父母伊娃（Eva）和尤根（Jörgen），在我忙碌的时候，他们过来一起照看整个家庭。

同时，还应该感谢在斯德哥尔摩Crisp工作的同事，还有Scrum Development Yahoo 讨论组的成员，他们一起校稿，提出了很多改进意见。

最后，我要深深感谢所有的读者，从你们长期的反馈中我收获颇丰。尤其要指出一点，能够通过本书点燃许多人尝试敏捷软件开发的热情，让我感到特别开心！

目录

第Ⅰ部分　硝烟中的XP和Scrum

第1章　简介 …… 3

免责声明 …… 4

撰写本书的原因 …… 4

Scrum到底是什么 …… 4

第2章　我们怎样编写产品backlog …… 7

额外的故事字段 …… 9

我们如何让产品backlog停留在业务层次上 …… 9

第3章　我们怎样准备sprint计划 …… 11

第4章　我们怎样制定sprint计划 …… 13

为什么产品负责人必须参加 …… 14

为什么不能在质量上让步 …… 15

无休止的sprint计划会议 …… 16

sprint计划会议日程 …… 17

产品负责人如何对sprint放哪些故事产生影响 …… 20

团队怎样决定把哪些故事放到sprint里面 …… 21

定义“完成” …… 28

使用计划扑克做时间估算 …… 29

明确故事内容 …… 30

确定每日例会的时间地点 …… 33

最后界限在哪里 …… 33

bug跟踪系统对比产品backlog 36
sprint计划会议终于结束了 37

第5章 我们怎样让别人了解我们的sprint 39

第6章 我们怎样编写sprint backlog 41
sprint backlog的形式 41
任务板怎样发挥作用 42
燃尽图如何发挥作用 44
任务板警示标记 45

第7章 我们怎样布置团队空间 49
让团队坐在一起 50
让团队坐在一起！ 50
让团队坐在一起！ 50
让产品负责人无路可走 51
让经理和教练无路可走 51

第8章 我们怎样进行每日例会 53
我们怎样更新任务板 53
处理迟到的家伙 54
处理“我不知道今天干什么”的情况 54

第9章 我们怎样进行sprint演示 57
为什么我们坚持所有的sprint都结束于演示 57
sprint演示检查列表 58
处理“无法演示”的工作 58

第10章 我们怎样做sprint回顾 61
我们如何组织回顾 61
在团队间传播经验 63
变，还是不变 64
回顾中发现的问题示例 64

第11章　不同sprint之间的休整时刻 ………………………… 67

第12章　怎样针对固定价格合同制定发布计划 ……… 69

定义你的验收标准 …… 69
对最重要的条目进行时间估算 …… 71
估算生产率 …… 72
统计一切因素，生成发布计划 …… 73
调整发布计划 …… 74

第13章　我们怎样结合使用Scrum和XP ……………… 75

结对编程 …… 76
测试驱动开发（TDD） …… 76
持续集成 …… 79
代码集体所有权 …… 79
充满信息的工作空间 …… 79
代码标准 …… 80
可持续的开发速度或精力充沛地工作 …… 80

第14章　我们怎样做测试 …………………………… 81

你大概没法取消验收测试阶段 …… 81
把验收测试阶段缩到最短 …… 82
把测试人员放到Scrum团队来提高质量 …… 83
在每个sprint中少做工作来提高质量 …… 85
回到现实 …… 90

第15章　我们怎样管理多个Scrum团队……………… 91

创建多少个团队 …… 92
虚拟团队 …… 92
最佳的团队规模 …… 93
是否同步多个sprint …… 94
为什么我们引入了“团队领导”的角色 …… 95
我们怎样在团队中分配人手 …… 96

是否使用特定的团队……97
是否在sprint之间重新组织团队……99
是否拆分产品backlog……103
多团队回顾……107

第16章 我们怎样管理分布式团队……109
离岸……110
在家工作的团队成员……111

第17章 Scrum Master检查清单……113
sprint开始阶段……113
每一天……114
在sprint结束时……114

第18章 小结……115
推荐阅读……115

第Ⅱ部分 相得益彰的Scrum与Kanban

第19章 Scrum对比Kanban……121
究竟什么是Scrum？什么是Kanban……121
Scrum和Kanban有什么关系……123
Scrum规定了角色……126
Scrum规定了固定时长的迭代……127
Kanban按流程状态限制WIP，Scrum按迭代限制WIP……128
两者都是经验主义的……130
Scrum在迭代内拒绝变化……134
Scrum板在迭代之间重置……135
Scrum规定了跨功能团队……136
Scrum的backlog条目必须能跟sprint搭配得上……137
Scrum规定了估算和生产率……137
两者都允许在多个产品上并行工作……138

两者都是精益敏捷的 …… 139
小小差异 …… 140
Scrum板对比Kanban图——个不大不小的例子 …… 143
小结——Scrum对比Kanban …… 149

第20章 案例回放 …… 151

技术支持的现状 …… 152
到底为什么要改变 …… 152
我们从哪里开始 …… 152
迈开腿，上路 …… 153
团队启动 …… 154
直面相关干系人 …… 155
做出第一个图 …… 155
设置第一个WIP上限 …… 157
守住WIP上限 …… 158
什么任务能放到Kanban图上 …… 159
怎样做估算 …… 160
具体说说我们是怎么工作的 …… 161
哪种做计划的方法好呢 …… 163
度量什么呢 …… 165
忽然之间，一切都不一样了 …… 166
经验心得 …… 170

结语 …… 173

作者简介 …… 175

第 I 部分

硝烟中的XP和Scrum

第1章

简介

- 免责声明
- 撰写本书的原因
- Scrum到底是什么

你即将在组织中开始使用Scrum。或者你已经用好几个月了。你已经了解了基本概念，读过了几本书，也许你甚至还通过了Scrum Master认证。先恭喜一下！

但是，你仍然感到迷茫。

用肯·施瓦伯（Ken Schwaber）的话说，Scrum不是方法学，它是一个框架。也就是说，Scrum不会告诉你到底该做什么。（靠！）

下面有一个好消息和一个坏消息。好消息是我即将和你们分享我使用Scrum的经验，还有种种恼人的细节。而坏消息是，这只是我个人的经历。你不要完全仿效我的做法。实际上，如果换个不同的场景，我也许会换种实践方式。

Scrum的强大和令人痛苦之处就在于你不得不根据自己的具体情况来对它进行调整。

过去的一年中，我在一个大约40人的开发团队里面试验性地使用了Scrum。当时公司正处于困境，没日没夜地加班，产品质量低下，很多人都忙着四处救火，交付日期也一再拖延。公司已经决定了用Scrum，但并没有完全落实，剩下的都是我的工作。在那个时候，对团队中的大多数人来说，Scrum就只是一个陌生的、时刻能够从走廊上听到回音的时髦词汇。仅此而已，和他们日常的工作没有丝毫的关系。

一年过去了，我们在公司里从上到下都实现了Scrum。我们试过多种团队规模（3～12人）和sprint长度（2～6个星期）；定义“完成”的不同方式；不同形式的产品backlog和sprint backlog（Excel、Jira和索引卡）；多种测试策略、演示方式以及多个Scrum团队的信息同步方式……我们还试验了XP实践——各种各样的每日构建、结对编程和测试驱动开发等；还试过XP和Scrum结合使用。

这是一个持续学习的过程，所以故事尚未结束。我相信，如果公司能够保持做sprint回顾的良好习惯，会不断得到新的收获，重新领悟怎样在具体场景中恰当地应用Scrum。

免责声明

这里讲述的不是“正确”实现Scrum的方式！它只是代表一种方式，是我们在一年内不断修正调整后的结果。你也可以认为我们的做法是完全错误的。

本书中所说的一切都是我个人的观点，不代表Crisp或者我当前客户的任何意见。因此，我将避免提到任何特定的产品或者人名。

撰写本书的原因

在学习Scrum的过程中，我读过Scrum和敏捷方面的书，浏览了许多有关Scrum的网站和论坛，通过了肯・施瓦伯（Ken Schwaber）的认证，用各种问题刁难他，还花了大量的时间跟同事进行讨论。但在纷乱芜杂的信息中，我感到最有价值的就是那些荷枪实弹和硝烟弥漫的故事。它们把“原则与实践”变成了……嗯……“如何真正动手去做的过程”，同时还帮我意识到（有时候会帮我避免）Scrum新手最容易犯的典型错误。

所以，现在轮到我做出一些回报了。下面就是我以Scrum为枪的战斗经历。

希望本书对有同样经历的读者起到抛砖引玉的作用。来吧，给我反馈，向我开炮！

Scrum到底是什么

哦，对不起，完全不了解Scrum或者XP？那你最好先去看一下这几个链接：

- http://agilemanifesto.org/
- http://www.mountaingoatsoftware.com/scrum

- http://www.xprogramming.com/xpmag/whatisxp.htm

要是你真的没有耐心去访问这些网站，也没关系。随便翻翻看吧。大多数Scrum的相关术语都会在书中慢慢讲到，你会感兴趣的。

第2章

我们怎样编写产品backlog

- 额外的故事字段
- 我们如何让产品backlog锁定在业务层次上

产品backlog是Scrum的核心，也是一切的起源。从根本上说，它就是一个需求或故事或特性等组成的列表，按照重要程度进行了排序。它里面包含的是客户想要的东西，并用客户的术语加以描述。

我们称之为“故事”（story），有时候也称之为“backlog条目”（事项）。

我们的故事包括这样一些字段。

- ID 统一标识符，就是一个自增长的数字而已，以防重命名故事以后找不到。
- Name（名称），简短的、描述性的故事名。比如“查看你自己的交易明细”。它必须要含义明确，这样开发人员和产品负责人才能大致明白我们说的是什么东西，跟其他故事区分开。它一般由2到10个字组成。
- Importance（重要性），产品负责人估出一个数值，指出这个故事有多重要。例如10或150。分数越高，表明越重要。
  - 我一直都想避免“优先级”这个说法，因为一般说来优先级1都表示最高优先级，如果后来有其他更重要的东西，岂不麻烦了？它的优先级评级应该是什么呢？优先级0？优先级-1？

- Initial estimate（初始估算）团队的初步估算，表示与其他故事相比，完成该故事所需要的工作量。最小的单位是故事点（story point），一般大致相当于一个“理想人天”（man-day）。
    - 问一下团队：“如果可以投入最适合的人员来完成这个故事（人数要适中，通常为2个），把你们锁到一个屋子里，有很多食物，在完全没有打扰的情况下闭关工作，需要几天才能给出一个经过测试验证、可以交付的完整实现呢？”如果答案是“把3个人关在一起，大约需要4天时间”，那么初始估算的结果就是12个故事点。
    - 不需要保证这个估值绝对无误（比如两个故事点的故事就应该花两天时间），而是要保证相对的正确性（即两个点的故事所花费的时间应该是四个点的故事所需的一半）。
- How to demo（如何做演示）它大略描述了这个故事应该如何在sprint 演示上进行示范，本质就是一个简单的测试规范。“先这样做，然后那样做，就应该得到……的结果。”
    - 如果在使用TDD（测试驱动开发），这段描述就可以作为验收测试的伪码表示。
- Notes（注解）相关信息、解释说明和对其他资料的引用等。一般都非常简短。

产品 backlog（示例）如下表所示。

ID	Name	Imp	Est	How to demo	Notes
1	存款	30	5	登录，打开存款界面，存入10欧元，转到我的账户余额界面，检查我的余额增加了10欧元	需要UML顺序图。目前不需要考虑加密的问题
2	查看自己的交易明细	10	8	登录，点击“交易”，存入一笔款项。返回交易页面，看到新的存款显示在页面上	使用分页技术避免大规模的数据库查询。和查看用户列表的设计相似

我们试过很多字段，但最后发现，只有上面提到的六个字段我们会一直使用下去。

通常，我们把backlog存放在共享的Excel文档里面（以方便好多个用户可以同时编辑）。虽然正规意义上这个文档应该归产品负责人所有，但是我们并不想把其他用户排斥在外。开发人员常常要打开这个文档，弄清一些事情，或者修改估算值。

基于同样原因，我们没有把这个文档放到版本控制仓库上，而是放到了共享的驱动器里面。我们发现，要想保证多用户同时编辑而不至于锁操作或是合并冲突，这是最简单的方式。

但是其他所有的中间制品基本上都放在版本控制仓库中。

额外的故事字段

有时，为了便于产品负责人判断优先级别，我们也会在产品backlog中使用一些其他字段。

- Track（类别），当前故事的大致分类，例如“后台系统”或“优化”。这样产品负责人就可以很容易选出所有的“优化”条目，把它们的级别都设得比较低。类似的操作执行起来都很方便。

- Components（组件），通常在Excel文档中用“复选框”实现，例如“数据库，服务器，客户端”。团队或者产品负责人可以在这里进行标识，以明确哪些技术组件在这个故事的实现中会被包含进来。这种做法在多个Scrum团队协作的时候很有用——比如一个后台系统团队和一个客户端团队——他们很容易知道自己应当对哪些故事负责。

- Requestor（请求者），产品负责人可能需要记录是哪个客户或相关干系人最先提出了这项需求，在后续开发过程中向他提供反馈。

- Bug tracking ID（Bug跟踪ID），如果有个bug跟踪系统，就像我们用的Jira一样，那么了解一下故事与bug之间的直接联系会对你很有帮助。

我们如何让产品backlog停留在业务层次上

如果产品负责人有技术相关的背景，那他就可能添加这样一个故事：“给Events表添加索引。”他为啥要这么做？真正的潜在目标也许是“要提高在后台系统中搜索事件表单的响应速度。”

到后面，我们可能会发现索引并不是带来表单速度变慢的瓶颈。也许原因与索引完全不相干。指出如何解决问题的应该是开发团队，产品负责人只需要关注业务目标。

只要发现这种面向技术的故事，我一般都会问产品负责人“但是为什么”这样的问题，一直问下去，直到我们发现内在的目标为止。然后再用真正的目标来改写这个故事（“提高在后台系统中搜索并生成表单的响应速度”）。最开始的技术描述只会作为一个注解存在（“为事件表添加索引可能有望解决这个问题”）。

第3章

我们怎样准备sprint计划

Sprint计划的这一天很快就要到来了。有个教训我们一再体会：在sprint计划会议之前，要确保产品backlog的井然有序。

但这到底是什么意思？所有的故事都必须定义得完美无缺？所有的估算都必须正确无误？所有的先后次序都必须固定不变？不，不，绝不是这样！它的意思是“产品backlog必须存在。”（你能想到这一点么？）

- 只能有一个产品backlog和一个产品负责人（对于一个产品而言）。
- 所有重要的backlog条目都已经根据重要性评过分，不同重要程度对应不同的分数。
  - 其实，重要程度比较低的backlog条目，评分相同也没关系，因为它们在这次sprint计划会议上可能根本不会被提出来。
  - 无论任何故事，只要产品负责人相信它会在下一个sprint实现，那它就应该被划分到一个特有的重要性层次。
  - 分数只是用来根据重要性对backlog条目排序。假如A的分数是20，而B的分数是100，也只是说明B比A重要而已，绝不意味着B比A重要5倍。如果B的分数是21而不是100，含义也是一样的！
  - 最好在分数之间留出适当的间隔，以防后面出现一个C，比A重要而不如B重要。当然，我们也可以给C打一个20.5分，但这样看上去很难看，所以我们还是要留出间隔来！
- 产品负责人应当理解每个故事的含义（故事通常都是由他来写的，但是有的时候其他人也会添加一些请求，产品负责人对它们划分先后次序）。虽然他不需要知道每个故事具体是如何实现的，但是他得知道为什么这个故事会在这里。

> 注意
>
> 产品负责人之外的人也可以向产品backlog中添加故事，但是他们不能说这个故事有多重要，这是产品负责人独有的权利。他们也不能添加时间估算，这是开发团队独有的权利。

我们还曾经尝试过或者评估过其他方式。

- 使用Jira（我们的bug跟踪系统）存放产品backlog。但是大多数产品负责人都觉得这东西操作起来太繁琐了。Excel操作起来简单方便，直截了当。可以使用不同的颜色、重新组织条目、在特定情况下添加列、添加注解和导入导出数据等。
- 使用VersionOne[①]、ScrumWorks[②]和XPlanner[③]这样的敏捷过程工具。我们还没有测试过它们，不过以后可能会！

① 编注：Version One是最早的商业化产品基于ASP.NET，IIS和SQL，业界使用率排名第一，功能新颖，贯彻了敏捷以用户故事为先的原则。

② 编注：Scrum Works是对Scrum各个方面支持最好的商业产品，业界使用率排名第三，带有主题过滤功能的burndown图表以及其他辅助了解项目状况和趋势的功能，还有其他更多特性。

③ 编注：XPlanner被誉为祖父级的开源工具，业界使用率排名第四，是为极限编程团队准备的基于网络的项目规划工具，支持XP开发流程，可以解决XP项目所遇到的问题。

第4章

我们怎样制定sprint计划

- 为什么产品负责人必须参加
- 为什么不能在质量上让步
- 无休止的sprint计划会议……
- sprint计划会议日程
- 产品负责人如何对sprint放哪些故事产生影响
- 团队怎样决定把哪些故事放到sprint里面
- 定义“完成”
- 用计划扑克做时间估算
- 明确故事内容
- 定下每日例会的时间地点
- 最后界限在哪里
- bug跟踪系统vs.产品backlog
- sprint计划会议终于结束了

sprint计划会议非常关键，应该算是Scrum中最重要的活动（这当然是我的主观意见）。要是它执行得不好，整个sprint甚至都会被毁掉。

举办sprint计划会议，是为了让团队获得足够的信息，能够在几个星期内不受干扰地工作，也是为了让产品负责人能对此有充分的信心。

OK，这么说可能比较模糊。其实，sprint计划会议会产生一些实实在在的成果：

- sprint目标
- 团队成员名单（以及他们的投入程度，如果不是100%的话）
- sprint backlog（即sprint中包括的故事列表）
- 确定好sprint演示日期
- 确定每日Scrum会议的时间和地点

为什么产品负责人必须参加

有时候，产品负责人会不太情愿跟团队一起花上几个小时制定sprint计划。“嘿，小伙子们，我想要的东西已经列举出来了，我没时间参加你们的计划会议。”这可是个非常严重的问题。

为什么整个团队和产品负责人都必须要参加sprint计划会议？原因在于，每个故事都含有三个变量，它们两两之间都对彼此有着强烈依赖。

下图中的范围（scope）和重要性（importance）由产品负责人设置。估算（estimate）由团队设置。在sprint计划会议上，经过团队和产品负责人面对面的对话，这三个变量会逐步得到调整优化。

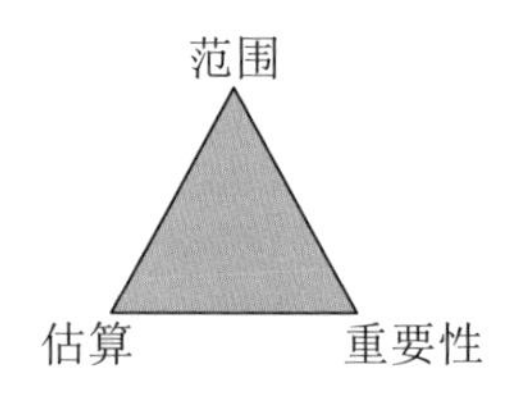

会议启动以后，产品负责人一般会先概括一下希望在这个sprint中达成的目标，还有他认为最重要的故事。接下来，团队从最重要的故事开始逐一讨论每个故事，一一估算时间。在这个过程中，他们会针对范围提出些重要问题：“‘删除用户’这个故事，需不需要遍历这个用户所有尚未执行的事务，把它们统统取消？”有时答复会让他们感到惊讶，促使他们调整估算。

在某些情况下，团队对故事做出的时间估算，跟产品负责人的想法不太一样。这可能会让他调整故事的重要性；或者修改故事的范围，导致团队重新估算，然后一连串诸如此类的连锁反应。

这种直接的协作形式是Scrum的基础，也是所有敏捷软件开发的基础。

如果产品负责人还是坚持没时间参加怎么办？一般我会按顺序尝试下面的策略。

- 试着让产品负责人理解，为什么他的直接参与事关项目成败，希望他可以改变想法。
- 试着在团队中找到某个人，让他在会议中充当产品负责人的代表。告诉产品负责人，“既然你没法来开会，我们这次会找个人来代表你参加。他会替你在会议中行使权利，改变故事的优先级和范围。我建议，你最好在会议开始前尽可能跟他沟通到位。如果你不喜欢让这个人代言，也可以推荐其他人，只要能全程参加我们的会议就行。”
- 试着说服管理团队为我们安排新的产品负责人。
- 推迟sprint的启动日期，直到产品负责人找到时间参会为止。同时拒绝承诺任何交付。让团队每天都可以自由做他们最想做的事情。

为什么不能在质量上让步

在上面的三角形中，我有意忽略了第四个变量——质量。

我试图把内部质量和外部质量分开。

- 外部质量是系统用户可以感知的。运行慢和混乱的用户界面就属于外部质量低下。
- 内部质量一般指用户看不到的要素，它们对系统的可维护性有深远的影响。可维护性包括系统设计的一致性、测试覆盖率、代码可读性和重构等。

一般来说，系统内部质量优秀，外部质量仍有可能很差。内部质量差的系统，外部质量肯定也不怎么样。松散的沙滩上怎么可能建起精美的楼阁？

我把外部质量也看作范围的一部分。有时出于业务考虑，可能会先发布一个系统版本，其用户界面给人的感觉可能比较简陋，而且反应也很慢；不过随后会发布一个干净的版本。我都是让产品负责人做权衡，因为他是负责定义项目范围的人。

不过内部质量就没有什么好说的了。不管什么时候，团队都要保证系统质量，这一点毋庸置疑，也没有任何回旋余地。现在如此，将来如此，一直如此，一直到永远。

（嗯，好吧，差不多直到永远）

那么，我们怎样区分哪些问题属于内部质量，哪些属于外部质量呢？

假设产品负责人这样说："好吧，你们把它估算成6个故事点也行。但我相信，一定能够找到些临时方案，节省一半时间。你们只要稍稍动下脑子就行。"

啊哈！他想把内部质量当作变量来处理。我是怎么知道的？因为他想让我们缩减故事的估算时间，但不想为缩减范围"买单"。"临时方案"这个词应当在你脑海中敲响警钟……

为什么不允许这样干？

经验告诉我：牺牲内部质量是一个糟糕透顶的想法。现在节省下来一点时间，接下来的日子里你就要一直为它付出代价。一旦我们放松要求，允许代码库中暗藏问题，后面就很难恢复质量了。

碰到这种状况，我就会试着把话题转回到范围上来。"既然你想尽早得到这个特性，那我们能不能把范围缩小一点？这样实现时间就能缩短。也许我们可以简化错误处理的功能，把'高级错误处理'当作一个单独的故事，放到以后再实现。或者也可以降低其他故事的优先级，好让我们集中处理这一个。"

一旦产品负责人弄清楚内部质量是不可让步的，一般都会处理好其他变量。

无休止的sprint计划会议……

在sprint计划会议中最困难的事情如下。

1. 人们认为他们花不了多长时间。

2. ……但他们会的！

Scrum中的一切事情都有时间盒。我喜欢这条简单如一的规则，并一直力求贯彻到底。

假如sprint计划会议接近尾声，但仍然没有得出sprint目标或者sprint backlog，这时该怎么办？我们要打断它么？还是再延长一个小时？或者到时间就结束会议，然后明天继续？

这种事情会一再发生，尤其是在新团队身上。你会怎么做？我不知道。但我们的做法是什么？嗯……我通常会直接打断会议，中止它，这个sprint让大家受点儿罪吧。具体一点，我会告诉团队和产品负责人："这个会议要在10分钟以后结束。我们到目前为止还没有一个真正的sprint计划。是按照已经得出的结论去执行，还是明早8点再开4小时的会？"你可以猜一下他们会怎么回答…… :o）

我也试过让会议延续下去。但一般都没有啥效果，因为大家都很累了。如果他们在2到8个小时（不管多久，只要你固定好时间长度就可以）内都没有整理出一个还说得过去的sprint计划，那么再来一个小时他们仍然得不出结论。我们也可以明天再安排一次会议——但大家都已经完全失去耐心，只想启动这个sprint，不想再花一个小时做计划。如果可以忽略这个事实，那这个选择也确实不错。

所以我会打断会议。是的，这个sprint让大家不太好过。但我们应该看到它的正面影响，整个团队都从中获益匪浅，下个sprint计划会议会更有效率。另外，如果他们从前还觉得你定下的会议时间过长，下次他们的抵制情绪就会少一些了。

学会按照时间盒安排工作，学会制定合乎情理的时间盒，这对会议长度和sprint长度同样有帮助。

sprint计划会议日程

在sprint计划会议之前先为它初步制定一个时间表，可以减少打破时间盒的风险。

下面来看一下我们用的一个典型的时间表。

sprint计划会议：13:00~17:00（每小时休息10分钟）

- 13:00 ~ 13:30　产品负责人对sprint目标进行总体介绍，概括产品backlog。确定演示的时间和地点。
- 13:30 ~ 15:00　团队估算时间，在必要的情况下拆分backlog条目。产品负责人在必要时修改重要性评分。理清每个条目的含义。所有重要性高的backlog条目都要填写“如何演示”。
- 15:00 ~ 16:00　团队选择要放入sprint中的故事。计算生产率，用作核查工作安排的基础。
- 16:00 ~ 17:00　为每日scrum会议（以下简称“每日例会”）安排固定的时间和地点（如果和上次不同的话）。把故事进一步拆分成任务。

这个日程绝不是强制执行的。Scrum Master根据会议进程的需要，可以对各个阶段的子进程时间安排进行调整。

确定sprint长度

sprint演示日期是sprint 计划会议的产出物，它被确定下来以后，也就确定了sprint的长度。

那sprint应该多长才好？

嗯，时间短就好。公司会因此而变得“敏捷”，有利于随机应变。短的sprint=短反馈周期=更频繁的交付=更频繁的客户反馈=在错误方向上花的时间更少=学习和改进的速度更快，诸多好处接踵而来。

但是，时间长的sprint也不错。团队可以有更多时间充分准备、解决发生的问题、继续达成sprint目标，你也不会被接二连三的sprint 计划会议和演示等压得不堪重负。

产品负责人一般会喜欢短一点的sprint，而开发人员喜欢时间长的sprint。所以，sprint的长度是妥协后的产物。做过多次实验后，我们最终总结出了最喜欢的长度：3个星期。绝大部分团队的sprint长度都是3周。它不长不短，既让我们拥有足够的敏捷性，又让团队进入“心流”①的状态，同时还可以解决sprint中出现的问题。

此外，我们还发现刚开始要试验sprint的长度。不要浪费太多时间做分析。选一个可以接受的长度先开始再说，等做完一两个sprint再进行调整。

不过，确定了自己最喜欢的长度之后，就要在长时间内坚持不变。经过几个月的实验后，我们发现3个星期是个不错的长度，于是我们就把sprint固定为3个星期，进行了一段时间。有的时候会稍稍感觉有点长，有的时候感觉有点短。但保持住这个长度以后，它似乎变成了大家共同的心跳节奏，每个人都感觉很舒服。这段时间内也无需讨论发布日期之类的事情，因为大家都知道，每过3周都会有一个发布。

确定sprint目标

几乎每次sprint计划会议都要确定sprint目标。在开sprint 计划会议的过程中，我会选某个时刻提出一个问题：“这个sprint的目标是什么？” 每个人都目光空洞地看着我，产品负责人也皱起眉头，开始挠下巴。

出于某些原因，制定sprint目标确实很困难。但我发现即使是像挤牙膏一样把它挤出来，那也是值得的。半死不活的目标也比啥都没有强。这个目标可以是“挣更多的钱”，或者“完成优先级排到最前面的三个故事”，或“打动CEO”，或“把系统做得足够好，可以作为beta版发布给真正的用户使用”，或“添加基本的后台系统支持”，等等。它必须用业务术语来表达，而不是技术词汇，要让团队以外的人也能够理解。

sprint目标需要回答这个根本的问题：“我们为什么要进行这个sprint？为什么我们不直接放假

① 译注：心理学家米哈里教授（Mihaly Csikszentmihalyi）将心流（flow）定义为一种将个人精力完全投入到某种活动中的感觉；心流产生的同时会感到高度的兴奋和充实。

算了？”要想从产品负责人的口中诱导出sprint目标，你不妨一字不差地问他这个问题看看。

sprint目标应该是尚未达成的。“打动CEO”这个目标不错，可如果这个系统已经给他留下了深刻的印象，那就算了。这种状况下，大家都可以放假回家，sprint目标依然能完成。

制订sprint计划的时候，这个目标可能看上去既愚蠢又勉强，但它在sprint中常常会被用到，到那时大家就会开始对他们应该做啥感到困惑。如果有多个Scrum团队（像我们一样）开发不同产品，你可以在一个wiki页面（或其他东西）上列出所有团队的sprint目标，然后把它们放到一个显著位置上，保证公司所有人（不只是顶级管理层）知道公司在干什么，目的又是什么。

决定sprint要包含的故事

决定哪些故事需要在这个sprint中完成，是sprint 计划会议的一个主要活动。更具体地说，就是哪些故事需要从产品 backlog复制到sprint backlog中，如下图所示。

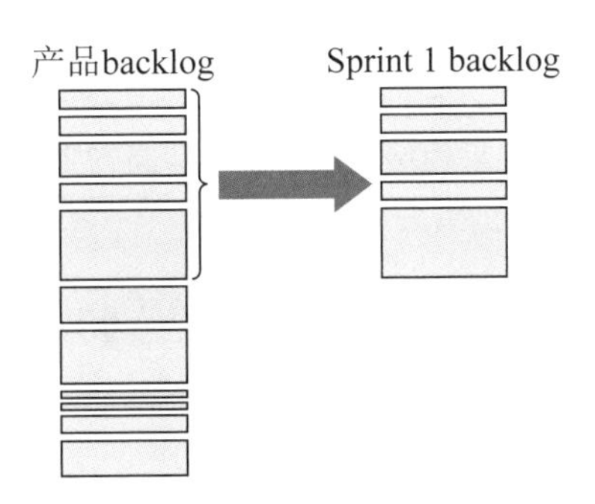

看一下这幅图。每个矩形都表示一个故事，按重要性排序。最重要的故事在列表顶部。矩形尺寸表示故事大小（也就是以故事点估算的时间长短）。大括号的高度表示团队估算的生产率（estimated velocity），也即团队认为他们在下一个sprint中能完成的故事点数。

右侧的sprint backlog是产品 backlog中的一个故事快照。它表示团队在这个sprint中承诺要完成的故事。

在sprint中包含多少故事由团队决定，而不是产品负责人或其他人。

这便引发了两个问题。

1. 团队怎么决定把哪些故事放到sprint里面？

2. 产品负责人怎么影响他们的决定？

我先回答第二个问题。

产品负责人如何对sprint放哪些故事产生影响

假设在sprint 计划会议中我们遇到下图所示的情况。

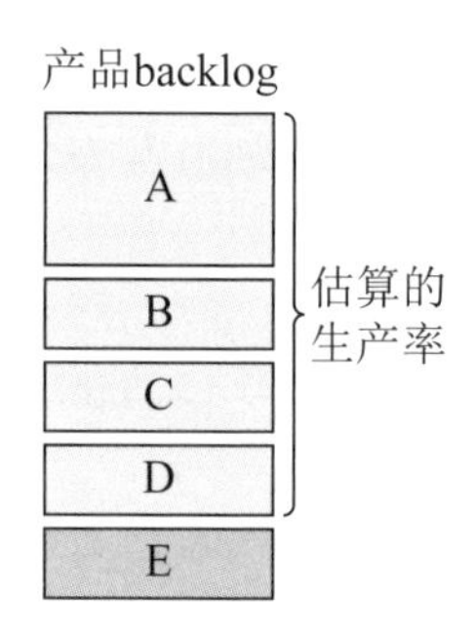

产品负责人很失望，因为故事D不会被放到sprint里面。那他在sprint 计划会议上能做些什么？

首先，他可以重新设置优先级。如果他给故事D赋予最高的重要级别，团队就得把它先放到sprint里面来（在这里，需要把C扔出去）。

其次，他可以更改范围——缩小故事A的范围，直到团队相信故事D能在这个sprint里完成为止。

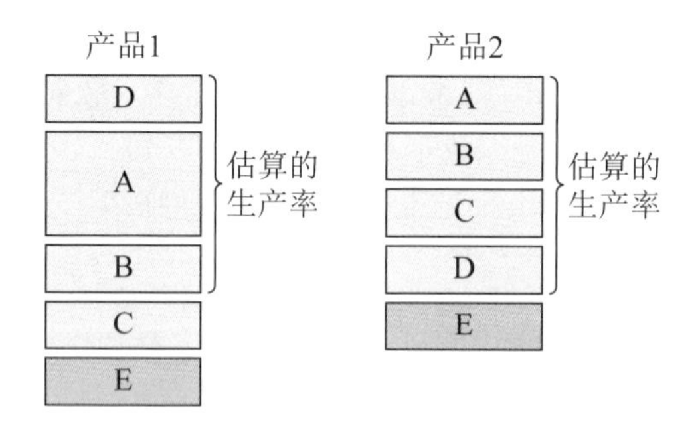

最后，他还可以拆分故事。产品负责人判断出故事A中某些方面实际并不重要，所以他把A分成两个故事A1和A2，指定不同的重要级别。

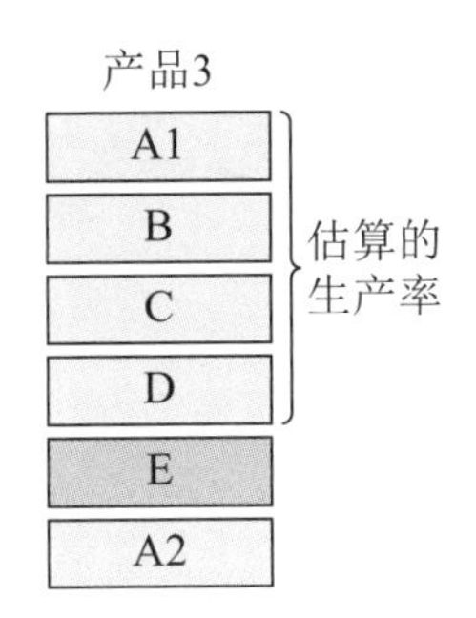

你可以看到，虽然产品负责人在正常情况下不能控制团队的估算生产率，但他依然有很多种方式对sprint中放入哪些故事施加影响。

团队怎样决定把哪些故事放到sprint里面

我们在这里使用两个技术。

1. 本能反应。

2. 生产率计算。

根据用本能反应来做估算

Scrum Master：“伙计们，我们在这个sprint里面能完成故事A吗？”（指向产品backlog中最重要的条目。）

丽莎：“呃。当然可以。我们有三个星期，这只是个微不足道的特性。”

Scrum Master：“OK，那加上B怎么样？”（指向第二重要的条目。）

汤姆和丽莎一起回答：“自然没问题。”

Scrum Master：“OK，那A，B，C一起呢？”

山姆（对产品负责人说）：“故事C要包括高级错误处理么？”

产品负责人：“不，你现在可以跳过它，只需要完成基本的错误处理。”

山姆：“那 C 应该没问题。”

Scrum Master：“OK，那再加上D呢？”

丽莎：“嗯……”

汤姆："我觉得能完成。"

Scrum Master："有多少把握？90%？还是50%？"

丽莎和汤姆："差不多90%。"

Scrum Master："OK，D也加进来。那再加上E呢？"

山姆："也许吧。"

Scrum Master："90%？50%?"

山姆："差不多50%。"

丽莎："我没把握。"

Scrum Master："OK，那先把它放一边去。我们要做完A、B、C和D。如果有时间的话，当然还可以做完E，不过既然没人指望它能做完，所以我们不会把它算到计划里面来。现在怎么样？"

所有人："OK！"

如果sprint时间不长，小团队根据直觉进行估算可以收到很好的效果，

至于用生产率计算来估算，这项技术包括两步。

1. 得出估算生产率。

2. 计算在不超出估算生产率的情况下可以加入多少故事。

生产率是"已完成工作总量"的一个衡量方式，其中每一个条目都是用它的原始估算进行衡量的。

下图中，左边是sprint启动时的估算的生产率，右边是sprint结束时的实际生产率。每个矩形都是一个故事，里面的数字表示这个故事的原始估算。

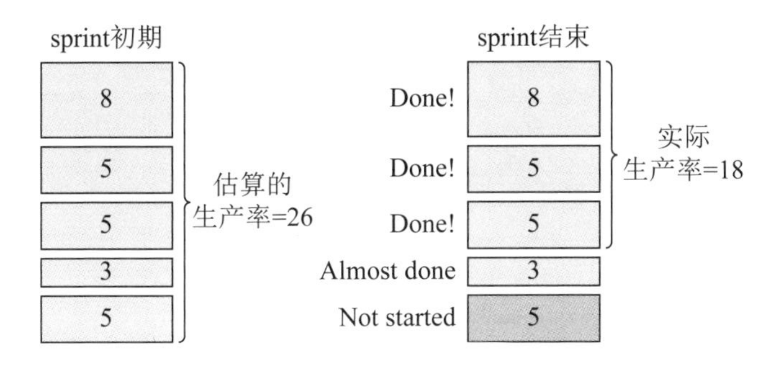

注意，这里的实际生产率建立在每个故事的原始估算基础之上。在sprint过程中对故事时间进行的修改都被忽略了。

我已经能听到你的抱怨了："那不是闲得没事儿干么？你丫想想，得有多少事影响生产率啊？有那么一群傻拉吧唧的程序员、原始估算能错到姥姥家去、范围变化了连个响声都没有，还有，鬼知道从哪个旮旯里就能出来个东西影响我们，这种事不是太多了么！"

我同意，这个数字并不精确。但它依然很有用，尤其是与啥都没有相比，感觉就更明显了。它可以给你一些硬生生的事实："抛开具体原因，我们曾经以为能完成这么多，而实际完成的工作与当初预计的还是有区别。"

那个sprint里面差不多（Almost）可以完成的故事怎么处理？为什么我们在实际生产率里面没把它的部分故事点数算进来？呵呵，这就突出表现了Scrum的要求（实际上也是敏捷软件开发和精益制造的要求）：把事情完全做完！达到可以交付的状态！事情只做了一半，它的价值就是0（也许还会是负数）。你可以看看唐纳德·雷勒特森（Donald Reinertsen）的《管理设计工厂》（*Managing the Design Factory*）或是波朋迪克的书《精益开发工具》，从中了解更多信息。

那我们在估算生产率的时候，动用了何等神奇的魔力？

有一个很简单的办法，看看团队的历史。看看他们在过去几个sprint里面的生产率是多少，然后假定在下一个sprint里面生产率差不多不变。

这项技术也叫"昨日天气"（yesterday's weather）。要想使用该技术，必须满足两个条件：团队已经完成了几个sprint（这样就可以得到统计数据），会以几乎完全相同的方式（团队长度不变，工作状态等条件不变）来进行下一个sprint。当然也不是绝对如此。

再复杂一点儿，你还可以进行简单的资源计算。假设我们在计划一个4人团队3个星期的sprint（15个工作日）。丽莎要休两天假。戴维只能投入50%的时间，另外也要休一天假。把这些加到一起……

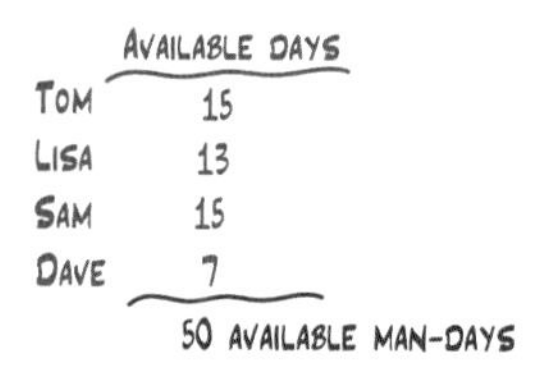

……这个sprint一共有50个可用的人天。

这是我们的估算生产率么？不！我们估算的单位是故事点（story point），差不多可以对应于“理想化的人天”。一个理想化的人天是完美、高效、不受打扰的一天，但这种情况太少见了。我们还必须考虑到少于，例如，把未计划到的工作添加到sprint中以及因病不能工作，等等。

那我们的估算生产率肯定要少于50。少多少呢？我们引入“投入程度”（focus factor）来看一下。

THIS SPRINT'S ESTIMATED VELOCITY:

(AVAILABLE MAN-DAYS) x (FOCUS FACTOR) = (ESTIMATED VELOCITY)

投入程度用来估算团队会在sprint中投入多少精力。投入程度低，就表示团队估计会受到很大干扰，或者他们觉得自己的时间估算太过理想化。

要想得出一个合理的投入程度，最好的办法就是看看上一个sprint的值（对前几个sprint取平均值自然更好）。

LAST SPRINT'S FOCUS FACTOR:

$$(\text{FOCUS FACTOR}) = \frac{(\text{ACTUAL VELOCITY})}{(\text{AVAILABLE MAN-DAYS})}$$

把上一个sprint中完成的所有故事的原始估算加起来，得到的和就是实际生产率。

假设在上个sprint里面，由汤姆，莉莎和山姆组成的3人团队在3个星期内工作了45个人天，一共完成18个故事点。现在我们要为下一个sprint估算一下生产率。新伙计Dave的加入让情况更复杂了。把假期和新成员算上，我们在下个sprint中一共有50个人天。

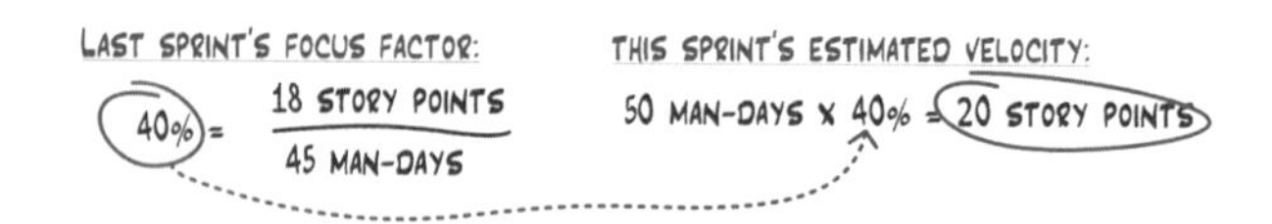

从上面的公式中可以看出，下个sprint的估算生产率是20个故事点。这表明团队这个sprint中能做的故事点数之和不能超过20。

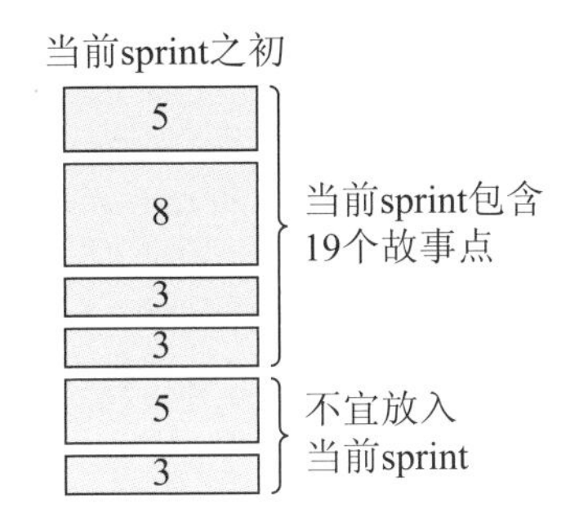

在这种情况下，团队可以选择前4个故事，加起来一共19个故事点；或者选前5个故事，一共24个故事点。我们假设他们选了4个故事，因为它离20最近。如果不太确定，那就再少选些好了。

因为这4个故事加起来一共19个故事点，所以他们在这个sprint中最后的估算生产率就是19。

“昨日天气”用起来很方便，但需要考虑一些常识。如果上一个sprint干得很差，因为大部分成员都病了一个星期，那你差不多可以大胆假设这次运气不会那么坏，给这个sprint设个高一些的投入程度；如果团队最近刚装了一个执行速度快如闪电的持续集成系统，那你也可以因此提高一下投入程度；如果有新人加入这个sprint，就得把培训占用的精力也算进来，降低投入程度；等等。

只要条件允许，都要看看从前的sprint，计算出平均数，从而得到更合理的估算。

如果这是个全新的团队，没有任何数据怎么办？你可以参考一下在类似条件下工作的团队，他们的投入程度数值是 多少。

如果没有其他团队可以参考怎么办？随便猜一个数作为投入程度吧。毕竟这个猜测只会在第一个sprint里面使用。经过这次以后，就有历史数据可以分析，然后持续改进对投入程度和生产率的估算。

我在新团队中用的默认投入程度通常是70%，因为其他大多数团队都能做到。

我们用的是哪种估算技术

前面提到好几种技术，比如直觉反应、基于昨日天气的生产率计算、基于可用人天和估算投入程度的生产率计算。

那我们用的是什么？

一般我们都结合起来用，花不了多大工夫。

我们审视上个sprint的投入程度和实际生产率。我们审视这个sprint总共可用的资源，估算一个投入程度。我们讨论这两个投入程度之间的区别，必要时进行调整。

大致有了一个要放入sprint的故事列表以后，我再进行“直觉反应”的检查。我要求他们暂时忘掉数字，感觉一下在一个sprint里一次干这么多故事会不会有难度。如果觉得太多，就移走一两个故事。反之亦然。

当天结束时，只要得出哪些故事要放到sprint里面，我们就算完成了目标。投入程度、资源可用性和估算生产率只是用来达成这个目标的手段而已。

我们为何使用索引卡

在大多数sprint 计划会议上，大家都会讨论产品 backlog中的故事细节。对故事进行估算、重新确定优先级，进一步确认和拆分细节，这些都要在会议上完成。

我们是怎样实际操作的呢？

嗯，也许有人认为是这样的。团队打开投影仪，把用Excel保存的backlog投在墙上，然后一个人（通常是产品负责人或者Scrum Master）拿过键盘，嘟哝着把一个个故事讲一遍，请大家进行讨论。团队和产品负责人讨论过优先级和具体细节以后，拿着键盘的人会在Excel上直接进行修改。

听起来不错？呵呵，纯粹扯淡。更糟的是，团队一般都是到了会议结束前才发现他们一直在扯淡，到最后还没把故事看上一遍呢！

要想收到好的效果，不妨创建一些索引卡，把它们放到墙上（或一张大桌子上）。

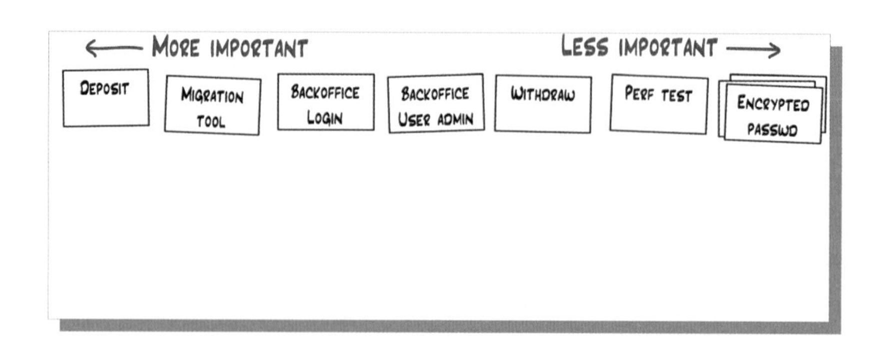

这种用户体验比计算机和投影仪好得多，理由如下。

- 大家站起来四处走动=> 他们可以更长时间地保持清醒，并留意会议进展。
- 他们有更多的个人参与感（而不是只有那个拿着键盘的家伙才有）。
- 可以同时编辑多个故事。
- 重新划分优先级变得易如反掌——挪动索引卡就行。
- 会议结束后，索引卡可以拿出会议室，贴在墙上的任务板上（参见第6章“我们怎样编写sprint backlog”）。

你可以手写索引卡（像我们一样），也可以用简单的脚本从产品 backlog中直接生成可以打印的索引卡。

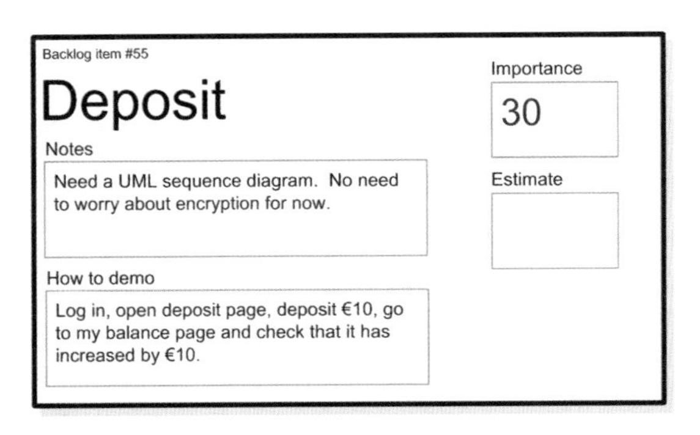

在我的博客上有这种脚本，地址是http://blog.crisp.se/henrikkniberg。

重要提示：sprint计划会议结束后，我们的Scrum Master会手工更新Excel中的产品backlog，以反映故事索引卡中发生的变化。这确实给管理者带来了一点麻烦，但是考虑到用了物理索引卡以后，sprint 计划会议的效率得到了大幅度提高，这种做法还是完全可以接受的。

注意这里的Importance（重要性）字段。它和打印时Excel中产品backlog所记录的“重要性”是一样的。把它放到卡片上，可以帮助我们根据重要性给卡片排序（我们一般把最重要的放到左边，依次向右排列）。不过，一旦卡片放到墙上，就可以暂时忽略它的重要性评分，根据它们摆放的相对位置来对比彼此的重要性。如果产品负责人交换两张卡片，先不要浪费时间在纸上更新数字，只要确保会议结束后在产品backlog做更新就可以。

把故事拆分成任务后，时间估算就变得更容易（也更精确）了。

这个用索引卡来做，又方便又漂亮。你可以把团队分成不同的二人组，让他们每组同时各自拆分一个故事。

我们用即时贴贴在每个故事的下方，每张即时贴表示这个故事中的一个任务。

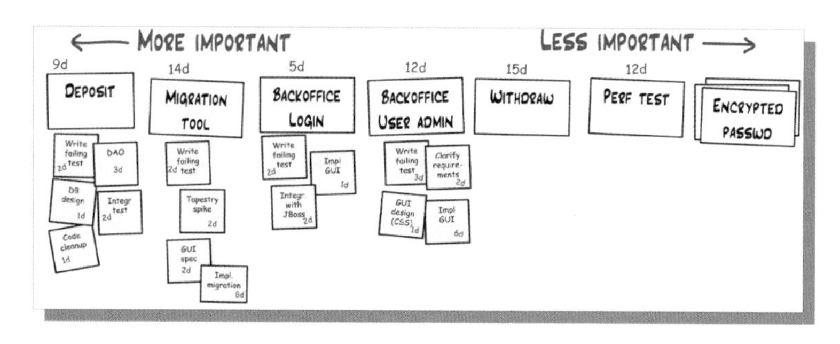

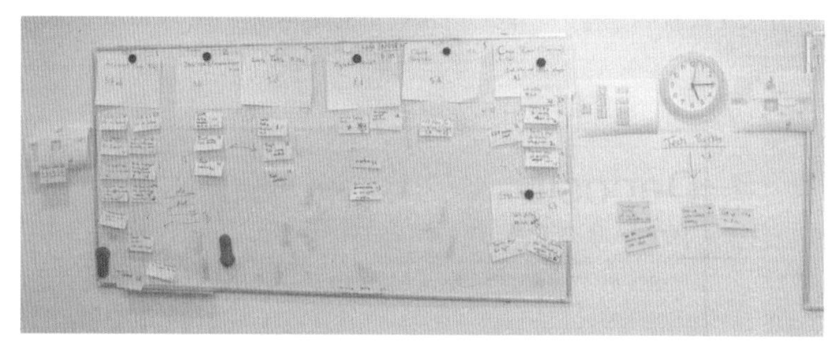

我们不会让任务拆分出现在产品backlog中，原因如下。

- 任务拆分的随机性比较强，在sprint进行过程中，常常会发生变化而不断调整，所以保持产品backlog的同步很容易让人头大。
- 产品负责人不需要关心这种程度的细节。

任务拆分的即时贴可以和故事索引卡一起，在sprint backlog中直接重用。详情参见第6章“我们怎样编写sprint backlog”。

定义“完成”

有一点很重要，产品负责人和团队需要对“完成”（done）有一致的定义。所有代码提交（check in）以后，故事就算完成了吗？还是部署到测试环境中，并经过集成测试组的验证才算完成？我们尽可能使用这样的定义：“随时可以上线。”不过有时候我们也这样说：“已经部署到测试服务器上，准备进行验收测试。”

最开始，我们用的是比较详细的检查列表。现在我们常常这样说：“如果Scrum团队中的测试人员说可以，那就表明这个故事完成了。”然后责任就到了测试人员身上，他需要保证团队理解了产品负责人的意图，要保证故事的“完成”情况可以符合大家认可的定义。

我们慢慢意识到，不能把所有的故事都一概而论。“查询用户表单”跟“操作指南”这两个故事的处理方式就有很大差异。对后者，“完成”的定义可能就是简单的一句话——“被运营团队认可”。所以说，日常的一些认识往往胜过正式的检查列表。

如果经常性地搞不清楚怎样定义“完成”（就像我们刚开始一样），或许应该在每个故事上都添加一个字段，起名为“何谓完成”。

使用计划扑克做时间估算

估算是一项团队活动，通常每个成员都要参与所有故事的估算。为啥要每个人都参加呢？

- 在计划的时候，我们一般都还不知道到底谁会来实现哪个故事的哪个部分。
- 一个故事一般有好几个人参与，也包括不同类型的专长（用户界面设计、编程和测试等）。
- 团队成员必须先了解故事内容，然后才能进行估算。要求每个人都做估算，可以确保他们都理解每个条目的内容，从而为大家在sprint中的相互帮助奠定基础，也有助于尽早发现故事中的重要问题。
- 如果要求每个人都对故事做估算，我们就常常会发现两个人对同一个故事的估算结果有很大的差异。我们应该尽早发现这种问题并就此进行讨论。

如果让整个团队进行估算，对故事理解最透彻的人通常会第一个发言。不幸的是，这会严重影响其他人的估算。

有一项很优秀的技术可以避免——计划扑克。我记得这是科恩（Mike Cohn）创造出来的。

每个人都会得到如下图所示的13张纸牌。在估算故事的时候，每个人都选出一张纸牌来表示他的时间估算（以故事点的方式表示），并把它正面朝下扣在桌上。所有人都完成以后，桌上的纸牌会被同时揭开。这样，每个人都会被迫进行自我思考，而不是依赖于其他人估算的结果。

如果两个估算有着巨大的差异，团队就会展开讨论，并试图让大家对故事内容达成共识。他们也许会进行任务分解，之后再重新估算。这样的循环重复进行，直到时间估算趋于一致为止，也就是每个人对故事的估算都差不多相同。

重要的是，我们必须提醒团队成员，他们要对这个故事中所包含的全部工作进行估算，而不是“他们自己负责”的部分工作。测试人员不能只估测试工作。

注意，这里的数字顺序不是线性的。例如，在40和100之间没有数字。为什么会这样？

这是因为，一旦时间的估算值比较大，其精确度就很难把握，这样做就可以避免人们对估算精确度产生错误的印象。如果一个故事的估算值是差不多20个故事点，它到底应该是20，18还是21，其实无关紧要。我们知道的就是它是一个很大的故事，很难估算。所以20只是一个粗略估计。

需要进行更精确的估算吗？那就把故事进行分拆，去估那些更小的故事！

另外，你也不能玩那种把5和2加起来得到7的把戏。要么选5，要么选8，没有7。

下面这些卡片比较特殊。

- 0 = “这个故事已经完成了。”或者“这个故事根本没啥东西，几分钟就能搞定。”
- ? = “我一点概念都没有。没有想法。”
- 咖啡杯 = “我太累了，先歇会吧。”

明确故事内容

在sprint演示会议上，团队自豪地演示了一个新特性，但产品负责人却皱起眉头：“呃，看上去不错，但这不是我要的！”发生这种事情可真是糟透了！

怎样才能让产品负责人和团队对故事有同样的理解？或者保证所有的团队成员对每个故事都有同样的理解？嗯，这可没法做到。不过还是有些简单技术可以识别出最明显的误解。最简单的办法就是确保每个故事的所有字段都被填满。更精确地说，这里提到的是具有高优先级而应该在这个sprint里面完成的故事。

> **示例1**
>
> 团队和产品负责人都对sprint计划感到满意，打算结束会议。这时Scrum Master问了一个问题：“等一下，还有个‘添加用户’的故事没有估算时间呢。把它解决了吧！”几轮计划扑克以后，团队达成一致意见，认为这个故事需要20故事点；产品

负责人却站了起来，说话因为生气也走了调："什、什、什么？！"经过几分钟的激烈争吵，最后发现是团队错误理解了"增加用户"这个故事的范围，他们以为这表示"要有个漂亮的Web界面来添加、删除、移除和查询用户"，但是产品负责人只是想"通过手写SQL操作数据库来添加用户"。他们重新进行评估，给它5故事点后达成共识。

示例2

团队和产品负责人都对sprint计划表示满意，打算结束会议。这时Scrum Master问了一个问题："等一下，还有一个'添加用户'的故事，它怎么演示呢？"一阵窃窃私语之后，某人站起来说，"呃，首先我们登录网站，然后……"产品负责人打断了他的话，"登录网站？！不不不，这个功能跟网站一点关系都没有，你给技术管理员提供一个傻瓜也能用的SQL脚本就行。"

"如何演示"这段描述可以（而且应该）非常精简！不然没法按时结束sprint 计划会议。基本上，它就是用最浅显的语言来描述如何手工执行最典型的测试场景。"先这样，然后那样，最后验证。"

我发现，使用这种简单的描述，常常能够发现对故事范围的最严重的误解。这种事发现得越早越好，不是么？

把故事拆分成更小的故事

故事不应该太短，也不应太长（从估算的角度出发）。如果有一大堆0.5故事点的故事，那你恐怕就会成为微观管理的受害者。与之相反，40点的故事，到最后很可能只能部分完成，这样不会为公司带来任何价值，只会增加管理成本。进一步来说，如果你们估算的生产率是70，而最高优先级的两个故事都是40故事点，那做计划可就有麻烦了。

摆在团队面前的只有两种选择：要么只选一个条目，完成当初允诺的工作后，还有不少空闲时间，导致承诺不足（under-committing）；要么两个条目都选上，最后无法完成当初允诺的工作量，导致过度承诺（over-committing）。

我发现大的故事基本上都能进行拆分。因此，只要确定每个小故事依然可以交付业务价值就行。

我们常常都力求保证故事的大小不超过2至8个人一天。一个普通团队的生产率大约是40~60，所以大概每个sprint可以完成10个故事。有时减少到5个，有时也多到15个。处在这个数量范围之间的索引卡是比较容易管理的。

把故事拆分成任务

等一下。“任务”和“故事”的区别是什么呢？嗯，这个问题问得不错。

区别很简单。故事是可以交付的东西，是产品负责人所关心的。任务是不可交付的东西，产品负责人对它也不关心。

在下图的例子中，故事被拆分成更小的故事。

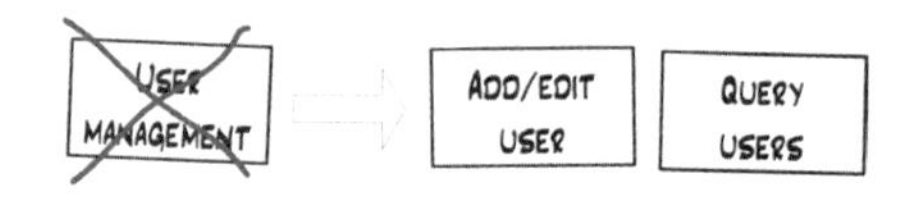

下图是把故事拆分成任务的例子。

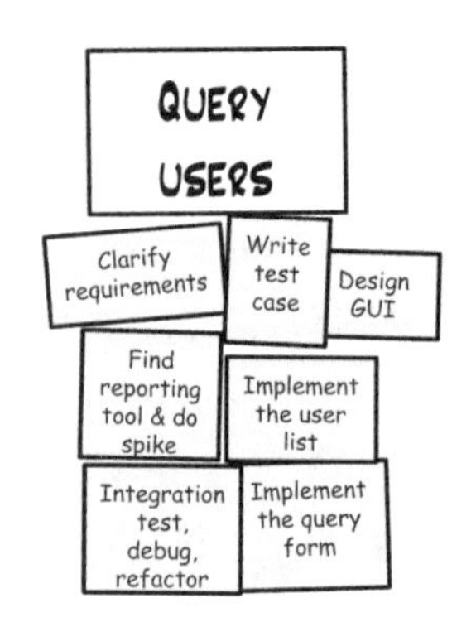

我们会看到一些很有趣的现象。

- 新组建的Scrum团队不愿意花时间来预先把故事拆分成任务。有些人觉得这像是瀑布式的做法。
- 有些故事，大家都理解得很清楚，预先拆分还是随后拆分都一样简单。
- 这种类型的拆分常常可以发现一些会导致时间估算增加的工作，最后得出的sprint计划会更贴近现实。
- 这种预先拆分可以使得每日例会的效率得到显著提高，详情参见第8章“我们怎样进行每日例会”。

即使拆分不够精确，而且一旦开始具体工作，事先的拆分结果也许会发生变化，但我们依然可以得到以上种种好处。

所以，我们试着把sprint计划会议的时间放到足够长，保证有时间进行任务拆分，但如果时间不够，我们就不做了。详情参见下文“最后界限在哪里”。

注意，我们在实践TDD（测试驱动开发），所以几乎每个故事的第一个任务都是“编写一个失败的测试”，而最后一个任务是“重构”（提高代码的可读性，消除重复）。

确定每日例会的时间地点

sprint计划会议有一个产物常常被人们忽略：“确定时间和地点开每日例会。”没有这一点，你的sprint就会有个“开门黑”。实际上，每个人都是在当前sprint的第一个每日例会上决定怎样开始工作。

我喜欢早上开会。不过我得承认，我们没有真正试过在下午或者中午进行每日例会。

下午开每日例会的缺点：早上来工作的时候，你必须试着回忆自己昨天对别人说过今天要做什么。

上午开每日例会的缺点：早上来工作的时候，你必须试着回忆起你昨天做了些什么，这样才能跟别人讲。

我的看法是，第一个缺点更糟，因为最重要的事情是你打算干什么，而不是已经干了什么。

我们的默认做法是选一个大家都不会有异议的最早时间。一般是9:00，9:30或者10:00。最关键的是，这必须是每个人都能完全接受的时间。

最后界限在哪里

OK，现在时间已经用完了。如果时间不够的话，该把哪些本该做的事情砍掉呢？

嗯，我总是用下面这个优先级列表。

优先级1：sprint目标和演示日期。这是启动sprint最起码的东西。团队有一个目标和一个结束日期，然后就可以马上根据产品backlog开始工作。没错，这是不像话，你应该认真考虑一下明天再开个新的sprint 计划会议。不过，如果确实需要马上启动sprint，不妨先这么着吧。讲真，只有这么点儿信息就开始sprint，我还从来没有试过。

优先级2：经团队认可并要添加到当前sprint中的故事列表。

优先级3：sprint中每个故事的估算值。

优先级4：sprint中每个故事“如何演示”。

优先级5：生产率和资源计算，用作sprint计划的现实核查。包括团队成员的名单及每个人的承诺（不然就没法计算生产率）。

优先级6：明确每日例会固定举行的时间地点。这只需要花几分钟，但如果时间不够用，Scrum Master可以在会后直接定下来，邮件通知所有人。

优先级7：把故事拆分成任务。这个拆分也可以在每日例会上做，不过这会稍稍打乱sprint的流程。

技术故事

这有个很复杂的问题是技术故事，或者叫非功能性条目，或者你想叫它什么都行。

我指的是需要完成但又不属于可交付物的东西，跟任何故事都没有直接关联，不会给产品负责人带来直接的价值。

我们称之为“技术故事”。

示例

安装持续构建服务器

- 为什么要完成？因为它会节省开发人员的大量时间，到迭代结束的时候，集成也不太容易出现重大问题。

编写系统设计概览

- 为什么要完成？因为开发人员常常会忘记系统的整体设计，写出与之不一致的代码。团队需要有个描述整体概况的文档，保证每个人对设计都有同样的理解。

重构DAO层

- 为什么要完成？因为DAO层代码已经乱成一团。混乱带来了本可以避免的bug，每个人的时间都在被无谓地消耗。清理代码可以节省大家的时间，提高系统的健壮性。

升级Jira（bug跟踪工具）

- 为什么要完成？当前的版本bug狂多，又很慢，升级以后可以节省大家的时间。

按照一般的观点来看，这些算是故事吗？还是一些跟任何故事都没有直接关联的任务？谁来给它们划分优先级？产品负责人应该参与其中吗？

我们尝试过各种处理方式。我们曾经把它们跟别的故事一样，当作一等重要的故事。但这样并不好。产品负责人来对产品 backlog划分优先级的时候，就像在拿苹果跟桔子进行对比一样。实际上，出于显而易见的原因，技术故事常常会因为某种原因给设置一个低优先级，例如："嘿，兄弟们，我知道持续构建服务器很重要。不过让我们先来完成一些可以带来收入的特性吧，然后再来弄那些技术上的东西，行不？"

有些时候，产品负责人的做法是对的，但这只是少数情况。我们得出的结论是，产品负责人往往不能对此做出正确的权衡。所以我们采取了下面这些做法。

1. 试着避免技术故事。努力找到一种方式，把技术故事变成可以衡量业务价值的普通故事，这样有助于产品负责人做出正确的权衡。

2. 如果无法把技术故事转变成普通故事，那就看看这项工作能不能当作另一个故事中的某个任务。例如，"重构DAO层"可以作为"编辑用户"中的一个任务，因为这个故事会涉及DAO层。

3. 如果以上二者都不管用，那就把它定义为一个技术故事，用另外一个单独的列表来存放。产品负责人能看到，但是不能编辑。用"投入程度"和"预估生产率"这两个参数来跟产品负责人协商，从sprint里留出一些时间来完成这些技术故事。

下面是一个示例（这段对话跟我们某个sprint计划会议中发生过的一幕似曾相识）。

> 团队："我们要完成一些内部的技术工作。也许要从我们的时间里抽出10%来，也就是把投入程度从75%降低到65%，你看行吗？"
>
> 产品负责人："不行！我们没那个时间了！"
>
> 团队："嗯……那看看上一个sprint吧。（大家都把头转向白板上的生产率草图。）我们估算的生产率是80，但实际只有40，没错吧？"
>
> 产品负责人："没错！所以我们没时间干那些内部的技术活了！我们需要新功能！"
>
> 团队："呃，我们的生产率变得这么糟糕，原因就是构造可以测试的稳定版本占用了太多时间。"
>
> 产品负责人："嗯，那然后呢？"

团队：“唔，如果我们不做点什么的话，生产率还会继续这么烂下去。”

产品负责人：“嗯，接着说……”

团队：“所以我们建议在这个sprint里抽出大概10%的时间来搭一个持续构建服务器，完成相关的一些事情，省得忍受集成的折磨。接下来，每个sprint里面，我们的生产率都会提高至少20%！”

产品负责人：“啊？真的吗？那为什么上个sprint我们没这么干？！”

团队：“嗯……因为你不同意……”

产品负责人：“哦，嗯……那好吧，这主意听上去不错，开始干吧！”

当然，还可以把产品负责人排除在外或者是告诉他一个不可协商的投入程度。但你不妨先尝试一下，让大家的想法达成一致。

如果产品负责人能力比较强，也能听进别人的意见（这一点上，我们比较幸运），那我建议你最好还是尽量让他知道所有的事情，让他制定一切工作的优先级。透明也是Scrum的核心价值，不是吗？

bug跟踪系统对比产品backlog

这个问题有点儿难搞。用Excel来管理产品 backlog很不错，不过你仍然需要一个bug跟踪系统，这时Excel就无奈了。我们用的是Jira。

那我们怎么把Jira上的难题带到sprint 计划会议上来呢？我的意思是，如果无视这些难题，只关心故事，这可没什么好处。

我们试过下面几种办法。

1. 产品负责人打印出Jira中优先级最高的一些条目，带到sprint 计划会议中，跟其他故事一起贴到墙上（因此就暗暗地指明了这些难题相对其他故事的优先级）。

2. 产品负责人创建一些指向Jira条目的故事。例如“修复那几个后台报表最严重的bug，序号是Jira-124、Jira-126，还有Jira-180”。

3. 修复bug被当作sprint以外的工作，也就是说，团队会保持一个足够低的投入程度（例如50%），从而保证他们有时间修复bug。然后我们就可以简单假设，在每一个sprint中，团队都会用一些时间来修复Jira所报告的bug。

4. 把产品 backlog放到Jira上（也就是放弃Excel）。把bug与其他故事同等看待。

我们没有发现哪种策略最适合我们。实际上，团队与团队、sprint与sprint之间的做法都会有差异。不过，我还是倾向于使用第一种方案，既简单，效果又好。

sprint计划会议终于结束了

哇哦，没想到这一章会有这么长的篇幅！我想这应该可以表示出我的个人观点——sprint计划会议是Scrum中最重要的活动。在这里投入大量精力，保证它顺利完成，后面的工作就会轻松很多。

如果每个人（所有的团队成员和产品负责人）离开会场时都面带微笑，第二天醒来时面带微笑，在第一次的每日例会上面带微笑，就说明sprint 计划会议是成功的。

当然，什么事情都有可能出现问题，但至少你不能归咎于sprint计划。 :o）

第5章

我们怎样让别人了解我们的sprint

我们要让整个公司了解我们在做些什么，这件事情至关重要，否则其他人就会发出抱怨，甚至于可能对我们的工作做出臆断。

为此，我们使用了下图所示的sprint信息页。

<u>Jackass team, sprint 15</u>

Sprint goal
- Beta-ready release!

Sprint backlog (estimates in parenthesis)
- Deposit (3)
- Migration tool (8)
- Backoffice login (5)
- Backoffice user admin (5)

Estimated velocity: 21

Schedule
- Sprint period: 2006-11-06 to 2006-11-24
- Daily scrum: 9:30 – 9:45, in the team room
- Sprint demo: 2006-11-24, 13:00, in the cafeteria

Team
- Jim
- Erica (scrum master)
- Tom (75%)
- Eva
- John

有时，我们也会包括每个故事应该如何演示。

sprint 计划会议一结束，Scrum Master就会创建这个页面并把它放到维基上，给整个公司发一封“垃圾”邮件，如下图所示。

```
Subject: Jackass sprint 15 started

Hi all! The Jackass team has now started sprint
15. Our goal is to demonstrate a beta-ready
release on nov 24.

See the sprint info page for details:
http://wiki.mycompany.com/jackass/sprint15
```

我们在维基上还有下图所示的dashboard页面，链接到所有正在进行的sprint。

Corporate Dashboard

Ongoing sprints

- Team X sprint 15
- Team Y sprint 12
- Team Z sprint 1

此外，Scrum Master还会把sprint信息页打印出来，贴到团队房间外面的墙上。路过的每个人都可以阅读，了解这个团队所做的事情。因为其中还包括每日例会的时间地点，所以他也能知道去哪里去了解更多信息。

sprint接近尾声时，Scrum Master会把即将来临的演示告知每个人。

```
Subject: Jackass sprint demo tomorrow at 13:00 in the cafeteria.

Hi all! You are welcome to attend our sprint demo at 13:00 in
the cafeteria tomorrow (friday). We will demonstrate a
beta-ready release.

See the sprint info page for details:
http://wiki.mycompany.com/jackass/sprint15
```

有了这一切以后，看看谁还能找借口说不知道你们的工作状态！

第6章

我们怎样编写sprint backlog

- sprint backlog的形式
- 任务板怎样发挥作用
- 燃尽图如何发挥作用
- 任务板警示标记

你已经走了这么远了？嗯，干得好。

现在我们已经完成了sprint计划会议，整个世界都了解了我们下一个自带光环的sprint。Scrum Master现在应该创建sprint backlog了。它应该在sprint 计划会议之后，第一次每日例会之前完成。

sprint backlog的形式

我们曾经尝试过用多种形式来保存sprint backlog，包括Jira和Excel，还有挂在墙上的任务板。开始我们主要使用Excel，有很多公开的Excel模板可以用来管理sprint backlog——包括自动生成的燃尽图等。在如何改良基于Excel的sprint backlog方面，我有很多想法，但此处暂且不提，我也不会在这里举例。

下面要详细描述我们发现的用于管理sprint backlog最有效的形式——挂在墙上的任务板！

找一面尚未使用或者充满无用信息（如公司logo、陈旧图表或者丑陋的涂鸦）的大墙。清理墙壁（除非万不得已才去征求别人许可）。在墙上贴上一张很大很大的纸（至少2×2平方米，大团队需要3×2平方米）。然后如下图进行规划。

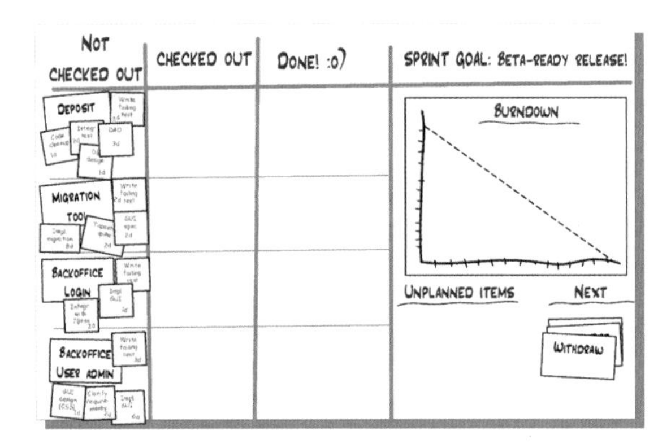

当然也可以用白板。不过那多少有点浪费。可能的话，还是把白板省下来画设计草图，用没有挂白板的墙做任务板。

注意，如果用贴纸来记录任务，别忘了用真正的胶带把它们粘好，否则有一天你会发现所有的贴纸都掉在地上，堆成一堆。

任务板怎样发挥作用

任务板的作用如下图所示。

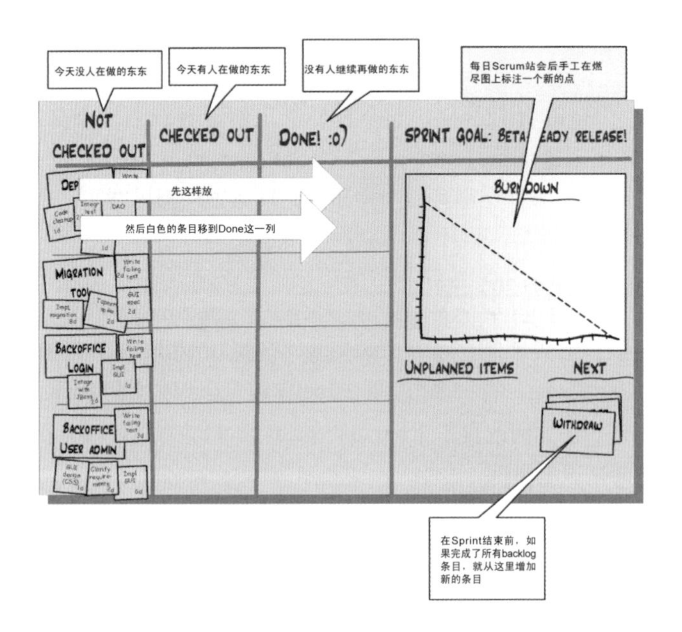

当然，也可以另外添上许多列，比如“等待集成测试”，或者“已取消”。但是在把这一切搞复杂之前，请试着仔细考虑清楚，你真的要添上去那一列，没它真的不行吗？

我发现，在处理这种类型的事情时，“简单性”会发挥极大的作用，所以，除非不这样做会付出极大代价，否则我才愿意让事情变得更加复杂。

示例1——首次每日Scrum之后

在首次每日例会以后，任务板可能会变成下图这样。

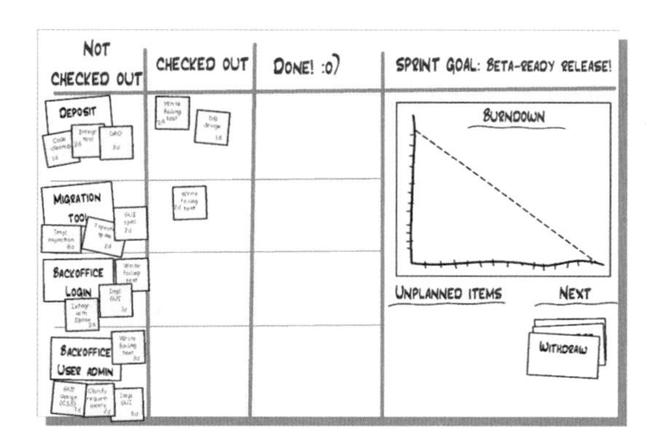

可以看出，有三个任务已经被checked out，团队今天将处理这些条目的工作。

在大团队中，有时某个任务会一直停留在checked out状态，因为已经没人记得是谁认领了这个任务。要是这种情况一再发生，他们就会在任务上加上标签，记录谁check out了这个任务。

示例2——几天以后

几天以后，任务板可能会如下图所示。

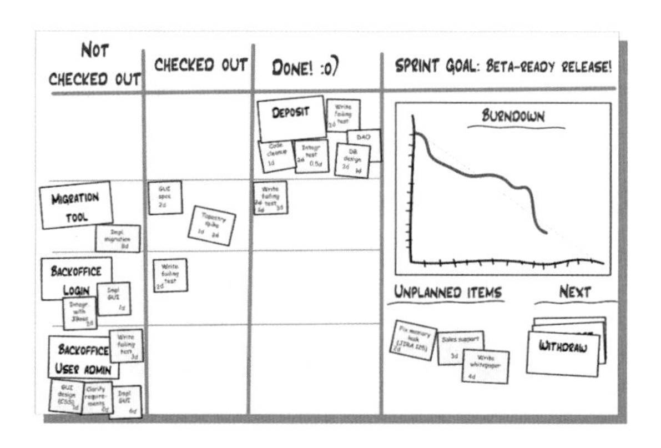

你可以看到，我们已经完成了DEPOSIT这个故事（它已经被签入源代码仓库，经过了测试和重构等等步骤）。MIGRATION TOOL只完成了一部分，BACKOFFICE LOGIN刚刚开始，BACKOFFICE USER ADMIN还没有开始。

有3个未经过计划的条目放在任务板的右下角。进行sprint回顾的时候要记住这一点。

下图是一个真实的sprint backlog。这里sprint已经接近结尾。在sprint的进展中，这张表变得相当乱，不过，因为这个状态很短，所以没太大关系。每个新的sprint启动后，我们都会创建一个全新的、干净的sprint backlog。

燃尽图如何发挥作用

让我们把目光投向燃尽图。

下图包含的信息如下。

- sprint的第一天，8月1号，团队估算出剩下70个故事点要完成。这实际上就是整个sprint的估算生产率。
- 在8月16号，团队估算出还剩下15个故事点的任务要做。跟表示趋势的虚线相对比，团队的工作状态还是差不多沿着正轨的。按照这个速度，他们能在sprint结束时完成所有任务。

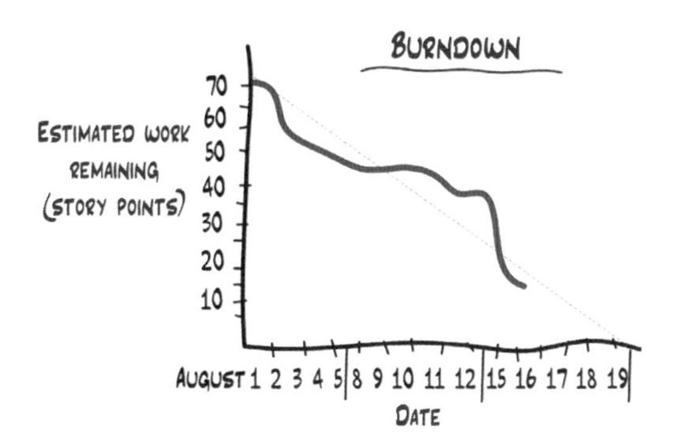

我们没把周末放到表示时间的X轴上，因为很少有人会在周末干活儿。我们曾经把周末也算进来，但是这两天的曲线是平的，看上去就像警告sprint中出现了问题，这就让人看着不爽了。

任务板警示标记

在任务板上匆匆一瞥，就可以大致了解到sprint的进展状态。Scrum Master应当确保团队会对下图所示的这些警示标记做出反应。

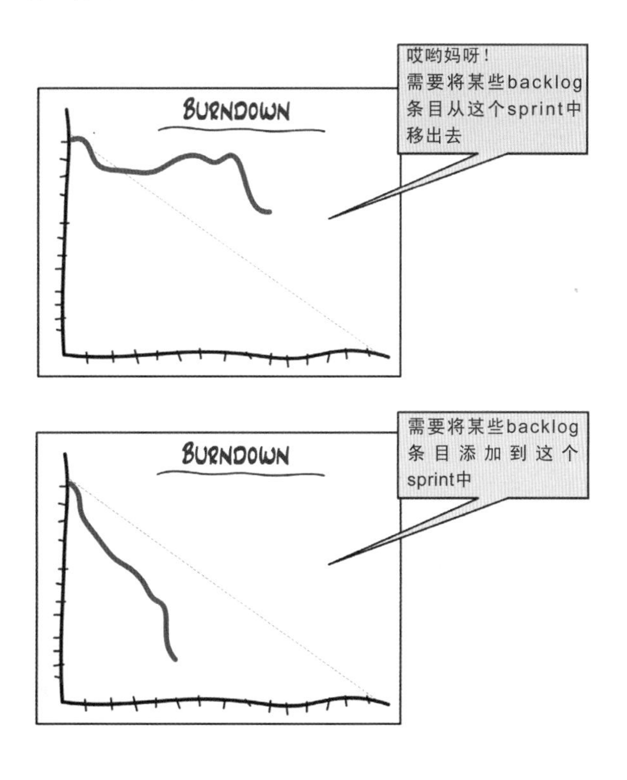

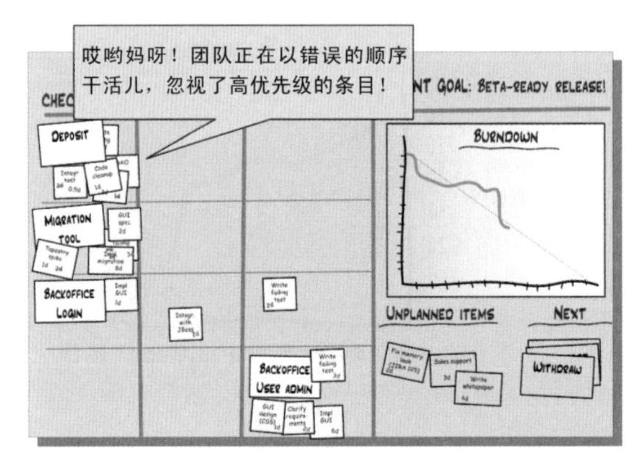

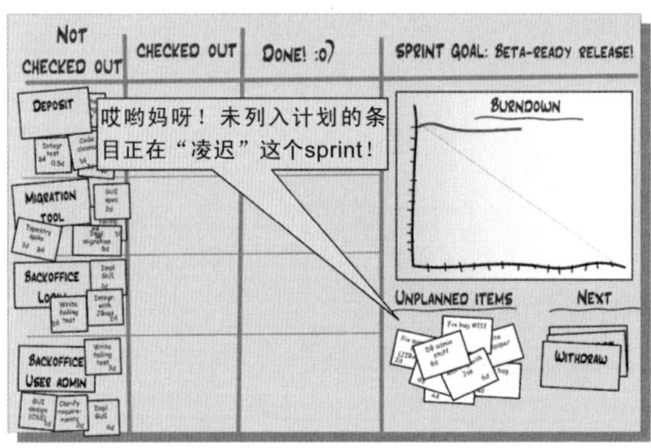

嘿，该怎样进行跟踪呢

在这种模型中，如果必须跟踪的话，那我能提供的最佳方式就是每天给任务板拍一张照片。我有时也这样干，但这些照片一直没能派上用场。

如果确实需要跟踪任务进度，任务板这种解决方案可能就不太适合你。

不过，我建议你试着评估一下对sprint进行细节跟踪能带给自己多大价值。sprint完成以后，可以工作的代码已交付，文档也提交了，那还有谁真的关心sprint的第5天完成了多少故事呢？又有谁真的关心“为deposit编写失败测试”以前的估算呢？

天数估算vs.小时估算

在介绍Scrum的书和文章中，大多数都是用小时而不是天数来估算时间。我们也这样干过。我们的通用方程为1个有效的人天=6个有效的人小时。

现在我们已经不这么干了，至少大部分团队是这样的。原因如下。

- 人小时的粒度太细了，它会导致太多小到一两个小时的任务出现，进而引发微观管理。
- 最后发现实际上每个人还是按照人天的方式来思考，只是在填写数据时把它乘6就得到了人小时。“嗯……这个任务要花一天。哦对，我要写小时数，那我就写6小时好了。”
- 两种不同的单位会导致混乱。“这个估算的单位是啥？人天还是人小时？”

所以，现在我们用人天作为所有时间估算的基础，不过我们也称之为“故事点”。它的最小值是0.5，也就是说小于0.5的任务要么被移除，要么跟其他任务合并，要么就干脆给它0.5的估算值，稍稍超出估算不会带来很大的影响。干净利落。

第7章

我们怎样布置团队空间

- 让团队坐在一起
- 让产品负责人无路可走
- 让经理和教练无路可走

我曾经发现这样一个事实：大多数最有趣、最有价值的设计讨论，都是在任务板前面自然而然地发生的，所以我们试着把这个区域布置成一个明显的“设计角”，如下图所示。

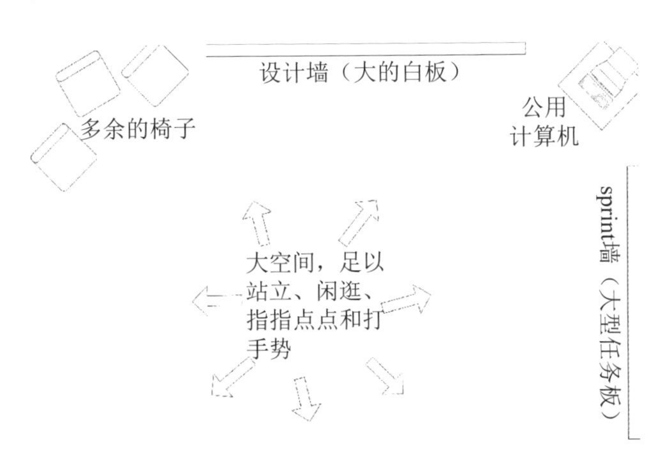

这着实很有用。要得到系统概况，不妨站到设计角前面看看墙上的文字和图表，然后回到计算机前面用最近一次的系统构建结果尝试一下，还有什么方式能比这更有效呢？如果运气不错并有持续构建的话。详情参见第13章“我们怎样结合使用Scrum和XP”。

"设计墙"只是一块大白板，上面画着最重要的设计草图，还有打印出来的、最重要的设计文档，顺序图，GUI原型，领域模型，等等。

下图为在上述角落中进行的每日例会。

嗯……这个燃尽图看起来太干净，线条也很直，不过这个团队坚持说它反映的是真实情况:o）

让团队坐在一起

在安排座位和布置桌椅方面，有一件事情怎么强调也不为过。

让团队坐在一起！

说得更清楚一点，我说的是

让团队坐在一起！

重要的事情说三遍！大家都懒得动。至少我工作的地方是这样的。他们不想收拾自己的零碎儿、拔下计算机电源、把东西都挪到新的电脑桌上，然后把一切再插回去。挪的距离越短，这种抵触情绪就越强烈："老大，干嘛呢，动这5米有啥用？"

但是为了把Scrum团队弄得上档次一些，在这方面没有其他选择。一定要让他们坐到一起。即使你不得不私下里威胁每一个人，给他们清理零碎，把老位置收拾利索。如果空间不够，就找个地方创造空间。就算把团队搬到地下室也在所不惜。把桌子拼到一起，"贿赂"行政人员，竭尽所能。只要能让他们坐到一起。

只要让他们坐到一起，就会有立竿见影的成效。过上一个sprint，团队就会认为挪到一起是绝妙的主意。从我的个人经验来看，你的团队也有可能会固执地不承认这一点。

那怎么才算坐到“一起”？桌子该怎么摆？呃，我在这方面没有太多建议。而且就算我有，恐怕大多数团队也没有奢侈到可以决定怎么摆放桌子。工作空间中总是有太多物理限制——隔壁的团队，厕所的门，屋子中间的大型自动售货机，等等。

“一起”具有以下含义。

- 互相听到　所有人都可以彼此交谈，不必大声喊，不必离开座位。
- 互相看到　所有人都可以看到彼此，都能看到任务板——不用非得近到可以看清楚内容，但至少可以看到个大概。
- 隔离　如果整个团队突然站起来，自发形成一个激烈的设计讨论，团队外的任何人都不会被打扰到。反之亦然。

“隔离”并不是意味着这个团队需要完全隔离起来。在一个格子间的环境中，如果团队拥有自己的格子，而且隔间的墙足够大，可以屏蔽墙内外的大多数噪音，也就足够了。

如果是分布式团队怎么办？呃，那就没辙了。多使用一些技术辅助手段来减少分布式带来的损害吧，比如视频会议、网络摄像头和桌面共享工具，等等。

让产品负责人无路可走

产品负责人应该离团队很近，既方便团队成员走过来讨论问题，他也能随时踱到任务板前面去。但是他不应该跟团队坐在一起。为什么？因为这样会使他无法控制自己不去关注具体细节，团队也无法凝聚成整体——即达到关系紧密、自组织、具有超高生产力的状态。

说实话，这全是我自己的猜测。因为从来没有碰到过产品负责人跟团队坐到一起的情况，所以我前面的说法也没有实际根据。只是一种直观的感觉，也有来自其他Scrum Master的道听途说。

让经理和教练无路可走

这一刻，手指的移动变得格外艰难，因为我既是经理，又是教练……

尽可能和团队紧密工作，这是我的职责。我组建团队，在团队间切换，跟人结对编程，培训Scrum Master，组织sprint计划会议……事后想想，大多数人都认为这是个好事情，因为我在敏捷软件开发方面具有相当丰富的经验。

但是，另一方面，我同时（《星球大战》中黑武士的出场音乐响起）也是开发主管，行政上担任着经理职务。每次我来到团队中间，他们的自组织性就会降低。“见鬼，老大来了，他可能有很多想法，告诉我们应该干啥，谁应该去做什么。让他说吧。”

我是这么看的，如果你是Scrum教练（或许同时也是经理），就应该尽可能贴近团队。但不久以后，就离开他们，让他们凝聚在一起，自我管理。然后每隔一段时间（不要太频繁），就去参加一次他们的sprint演示，看看任务板，听听晨会。如果发现有可以改进的地方，就把Scrum Master拽出来单独指导。但是不要在团队面前这样干。另外，如果团队足够信任你，不至于看见你就闭嘴，那参加他们的sprint回顾也是个好主意，详情参见第10章“我们怎样做sprint回顾”。

对于运转良好的Scrum团队，只需要保证他们可以得到一切所需的东西，然后就任由他们自由发挥吧，除了sprint演示。

第8章

我们怎样进行每日例会

- 我们怎样更新任务板
- 处理迟到的家伙
- 处理“我不知道今天干什么”的情况

我们的每日例会与书本上介绍的几乎没啥两样。它们每天都在同一个地方同一个时间进行。最开始，我们都是去一个单独的房间做sprint计划（当我们还在用电子版sprint backlog），不过现在我们都是在团队房间里、任务板的前面进行每日例会。没什么能比它效果更好。

我们一般都是开站会，以防止持续时间超过15分钟。

我们怎样更新任务板

我们一般都是在每日例会的时候更新任务板。每个人一边描述昨天已经做过的事情和当天要做的事情，一边移动任务板上对应的即时贴。如果他讲的是一个非计划性条目，那他就重新写一张即时贴，贴到板上。如果他更新了时间估算，那就在即时贴上写上新的时间，把旧的划掉（见下图）。有时候，Scrum Master会在大家讲述各自工作的同时做这件事情。

有些团队规定每个人都要在会议开始前更新任务板。这个做法也不错。你只要订好规则，坚持执行就行。

但无论你的sprint backlog是什么形式，都要尽力让整个团队参与到保持sprint backlog及时更新的工作中来。我们曾经试过让Scrum Master自己维护sprint backlog，他得每天都问大家各自剩余的工作估算时间。这种做法有以下缺点。

- Scrum Master把太多时间用在管理工作上，而不是为团队提供支持和帮助他们，消除障碍。
- 因为团队成员不再关心sprint backlog，所以他们就意识不到sprint的状态。缺少反馈，团队整体的敏捷性和精力的集中程度都会下降。

如果sprint backlog 设计得很好，那每个人都应该很容易修改。

每日例会一结束，就要有人算出剩余工作的时间估算之和（自然，那些放入Done那一栏中的就不用算了），在sprint燃尽图上画上一个新的点。

处理迟到的家伙

有些团队会弄个存钱罐。如果你来晚了，即使只迟到一分钟，也必须往里面投入定额的钱。没有人关心迟到的理由。即使你提前打电话声明会迟到，那也得接受罚款。

除非你有很好的理由，比如预约了看病或者是举办你自己的婚礼什么的。

存钱罐里的钱可以用于团队活动。我们会在游戏之夜用这些钱来买汉堡 :o）。

这种做法效果不错。不过只有人们常常迟到的团队才需要搞这种制度。有些团队根本就不需要。

处理“我不知道今天干什么”的情况

有时候，有人会说“我昨天干了这个、这个和这个，但是今天根本不知道该干什么。”这种情况并不少见。那该怎么办呢？

让我们假设乔（Joe）和丽莎（Lisa）两个人都不知道今天该干什么。

如果我是他们的Scrum Master，我会让大家继续讲，只是先标记一下哪些人没有事情做。所有人都讲完以后，我会跟团队一起从上到下遍历任务板，检查是否所有条目都已同步，保证所有人都清楚每个条目的含义，等等。然后请人添加更多的即时贴。接下来，我就会对觉得自己没事可干的人说："我们已经过了一遍任务板，你们现在对今天要做的事情有想法了么？"希望他们有点儿概念了。

如果他们还不知道该干什么，我会考虑他们是不是可以去跟其他人结对编程。假设尼克拉斯（Niklas）今天要实现后台用户管理的GUI，那我就会有礼貌地建议乔或者丽莎去跟尼克拉斯结对。这种做法通常都见效。

要是还不行，那我就会像下面这样干。

> Scrum Master："好，下面谁来给我们演示一下这个beta版的发布？"（假定这就是当前的sprint目标）
>
> Team（疑惑不已，保持沉默）
>
> Scrum Master："我们还没完成？"
>
> Team："嗯……没有。"
>
> Scrum Master："我靠！为啥还没干完？还剩哪些任务？"
>
> Team："我们到现在为止还没有测试服务器，而且构建脚本也出了问题。"
>
> Scrum Master："啊哈！"（向墙上增加了两张贴纸。）"乔和丽莎，你们今天能帮我们做点什么呢？"
>
> 乔："嗯……我可以试着四处找找测试服务器。"
>
> 丽莎："……我可以试着修复构建脚本。"

如果你很幸运的话，有些人会出来把beta发布版演示给你看。那就太好了！你已经达成了sprint目标。但是如果这时sprint只进行了一半呢？很简单。先就已完成的工作向他们表示一下祝贺，然后从任务板右下角的Next区域中拿出一两个故事，放到左边的not checked out这一栏中。接下来重新进行每日例会。告诉产品负责人一声，你已经把一些条目加进了sprint。

但是如果团队还没有达成目标，而且乔和丽莎还就是不肯做些有用的工作，那又该怎么办？一般我会尝试下面的某种策略（这些都不怎么让人愉快，但已经是无可奈何之下策了）。

- 羞辱式做法 "如果你不知道怎么帮助团队，我建议你还是回家去，或者看书，或者怎么都行。要不也可以找个地方坐下，等别人需要帮忙的时候，你就赶紧过去。"

- 守旧式做法 简单给他们分配个任务了事。
- 施加同事压力的做法 对他们说："乔，还有丽莎，你们两个可以放松点，我们会站在这里慢慢等，直到你们找到帮助我们完成目标的事情为止。"
- 奴役式做法 对他们说："你们今天可以给大伙儿干点儿杂活。端咖啡，做按摩，清理垃圾，做午饭，一切一切大家今天让你们做的事情。"你会惊讶地发现乔和丽莎立马就能找出有用的技术任务 :o）。

如果一个人常常逼得你要这样做，那就应该考虑是不是该把他单独找来辅导一下。倘若问题依然存在，你就需要衡量一下这个人对团队的重要性。

如果他不是太重要，就试着把他从你的团队中挪走。

如果他确实重要，就试着让他跟别人结对，让另一个人当他的"牧羊人"。乔也许是一个优秀的开发人员和架构师，但是他需要别人告诉他应该做什么。没问题。让尼克拉斯去做乔永远的牧者。或者你自己承担这个责任。如果乔在你们团队中的作用足够大，那这份投入就是值得的。我们有过类似的案例，多少都有一些成效。

第9章

我们怎样进行sprint演示

- 为什么我们坚持所有的sprint都结束于演示
- sprint演示检查列表
- 处理“无法演示”的工作

sprint演示（有人也叫它sprint回顾）是Scrum中很重要的一环，却常常被人们低估。

“哦，我们真的必须做演示么？没啥好东西能展示！”

“我们没时间准备&%$#的演示！”

“我没时间参加其他团队的演示！”

为什么我们坚持所有的sprint都结束于演示

一次做得不错的演示，即使看上去很一般，也会带来深远的影响。

- 团队的成果得到认可。他们会感觉很好。
- 其他人可以了解你的团队在做些什么。
- 演示可以吸引相关干系人的注意，并得到重要反馈。
- 演示是（或者说应该是）一种社会活动，不同的团队可以在这里相互交流，讨论各自的工作。这很有意义。

- 做演示会迫使团队真正完成一些工作，进行发布（即使是只在测试环境中）。如果没有演示，我们就会总是得到些99%完成的工作。有了演示以后，也许我们完成的事情会变少，但它们是真正完成的。这（在我们的案例中）比得到一堆貌似完成的工作要好得多，而且后者还会污染下一个sprint。

如果一个团队或多或少是被逼着做演示的，尤其是他们实际没有完成多少工作的状况下，演示就会变得令人尴尬。团队在做演示的时候会结结巴巴，之后的掌声也会显得勉勉强强。有人会为团队感到有点儿难过，也有人感到很不爽，因为他觉得宝贵时间被浪费在了一场很烂的演示上。

这会伤害一些人。但它是苦口良药。等到下一个sprint，这个团队就会真得试着做完一些事情！他们会想："也许我们下个sprint可以只演示2个功能，而不是5个。但这次这些该死的功能一定会正常工作！"团队知道这次无论如何他们也要进行演示，一些真正有用的东西被演示出来的机会就会大很多。这种情况我已经目睹很多次了。

sprint演示检查列表

- 确保清晰阐述了sprint目标。如果在演示上有些人对产品一无所知，那就花上几分钟进行描述。
- 不要花太多时间准备演示，尤其是不要做花里胡哨的演讲。把那些玩意儿扔一边去，集中精力演示可以实际工作的代码。
- 节奏要快，也就是说要把准备精力放在保持快节奏演示上，而不是让它看上去好看。
- 让演示关注于业务层次，不要管技术细节。注意力放在"我们做了什么"上，而不是"我们怎么做的"。
- 可能的话，让观众自己试一下产品。
- 不要演示一大堆细碎的bug修复和微不足道的特性。你可以提到一些，但是不要演示，因为它们通常会花很长时间，而且会分散大家的注意力，让他们关注不到更加重要的故事。

处理"无法演示"的工作

团队成员："我不打算演示这个条目，因为它没法演示。这个故事是'提高系统的可扩展性，能够容纳10 000个用户的并发请求'。我即使豁出老命也没法邀请10 000个用户同时来做演示，不是吗？"

Scrum Master：“那你做完了吗？”

团队成员：“当然。”

Scrum Master：“你怎么知道呢？”

团队成员：“我在性能测试环境中搭好了系统，启动8个负载服务器，用并发请求做了测试。”

Scrum Master：“但是你有没有迹象可以表明系统能够处理10 000个用户呢？”

团队成员：“是的。测试机器挺烂的，不过在测试时还是能处理50 000个并发请求。”

Scrum Master：“你怎么知道的？”

团队成员（被折磨得要抓狂）：“我有报告啊！你可以自己看，报告上都有怎么配置测试环境，发出了多少个请求！”

Scrum Master：“那太好了！那就是你的‘演示’啊！给大家看看你的报告就行了。这比什么都没有强，不是吗？”

团队成员：“哦？这就够了吗？不过报告挺难看的，得花点时间美化一下。”

Scrum Master：“好的，不过不要花太多时间。不用很好看，只要能传递信息就行。”

第10章

我们怎样做sprint回顾

- 我们如何组织回顾
- 在团队间传播经验
- 变，还是不变
- 回顾中发现的问题示例

在有关回顾的种种一切中，最重要的就是确保能够进行回顾。

由于某些原因，团队常常都不太愿意做回顾。如果不给他们一点儿温柔的刺激，我们的大多数团队都会跳过回顾，直接进行下一个sprint。也许这只是瑞典的文化，我不太确定。

不过，看起来每个人都觉得回顾的用途极大。说句实话，我认为回顾是Scrum中第二重要的事件（最重要的是sprint计划会议），因为这是你做改进的最佳时机！

当然，你不需要在回顾会议上得到什么好点子，在家中的浴盆里就能做得到！但是团队会接受你的想法么？也许吧，不过如果某个主意是“来自团队”，换句话说，在回顾会议上，每个人都可以贡献和讨论想法，这时候得到某个主意，它会更容易被大家接受。

如果没有回顾，你就会发现团队总是在不断重犯同样的错误。

我们如何组织回顾

根据情况不同，我们常用的做法也会有些差异，但一般都会做以下这些事情。

- 根据要讨论的内容范围，设定时间为1至3个小时。

- 参与者包括产品负责人，整个团队还有我自己。

- 我们换到一个封闭的房间中，舒适的沙发角或者屋顶平台等等类似的场所。只要能够在不受干扰的情况下讨论就好。

- 我们一般不会在团队房间中进行回顾，因为这往往会分散大家的注意力。

- 指定某人当秘书。

- Scrum Master向大家展示sprint backlog，在团队的帮助下对sprint做总结。包括重要事件和决策等。

- 我们会轮流发言。每个人都有机会在不被人打断的情况下讲出自己的想法，他认为什么是好的，哪些可以做得更好，哪些需要在下个sprint中改变。

- 我们对预估生产率和实际生产率进行比较。如果差异比较大的话，我们会分析原因。

- 快结束的时候，Scrum Master对具体建议进行总结，得出下个sprint需要改进的地方。

我们的回顾会议一般没有太规整的结构。不过潜在的主题都是一样的：“在下个sprint中我们怎样才能做得更好？”

下图是我们近期一次回顾的白板。

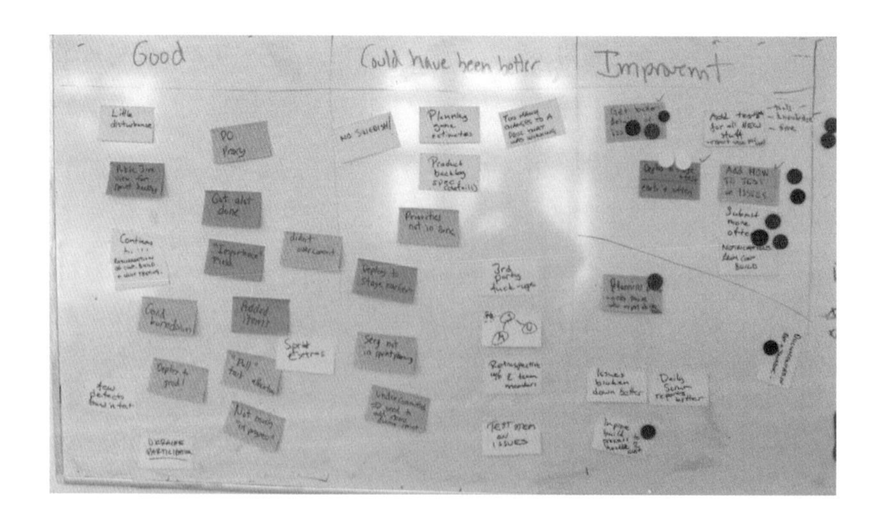

图中的三列分别如下。

- Good（干得好） 如果我们可以重做同一个sprint，哪些做法可以保留？
- Could have done better（还可以更好） 如果我们可以重做同一个sprint，哪些做法需要改进？
- Improvements（改进点） 有关将来如何改进的具体想法？

第一列和第二列是回顾过去，第三列是展望将来。

团队通过头脑风暴得出所有的想法，写在即时贴上，然后用“圆点投票”来决定下一个sprint会着重进行哪些改进。每个人都有三块小磁铁，投票决定下个sprint所要采取措施的优先级。他们可以随意投票，也可以把全部三票投在一件事情上。

根据投票情况，他们选出了要重点进行的5项过程改进，在下一个回顾中，他们会跟踪这些改进的执行情况。

不过，不要想一口吃成个胖子，这一点很重要。每个sprint只关注几个改进就够了。

在团队间传播经验

一般来说，在sprint回顾中得出的信息都特别有价值。团队之所以很难全心投入工作，是不是因为销售经理常常揪出开发人员去在销售会议上充当“技术专家”？这条信息很重要。或许其他团队也有相同问题？我们是不是应该把更多的产品知识教给产品管理人员，让他们能自己做销售支持？

sprint回顾不只关注团队怎样才能在下个sprint中做得更好，它有更广泛的含义。

我们的处理策略比较简单。有一个人（我们这儿是我）会参加所有的sprint回顾会议，充当知识的桥梁。不用太正儿八经。

另一种方式，是让每个Scrum团队都发布sprint回顾报告。我们试过这么做，但发现很多人都不会去读报告，就此展开改进的就更少了。所以我们还是用前面那种简单的方式。

充当“知识桥梁”的人需要服从下面这些重要的规则。

- 他要是一个很好的倾听者。
- 如果回顾会议太闷，他应该提出一些简单而目标明确的问题，刺激团队展开讨论。例如“如果时间可以倒流，从第一天重新开始这个sprint，你觉得哪些事情会用其他方式来做？”

- 他要自愿花时间参加所有团队的全部回顾。
- 他要有一定的行政权力，如果出现一些团队无法控制的改进建议，他可以帮助推进实施。

这种做法确实很棒，不过也许还有其他更好的方式，如果你知道的话，还请指点我一下。

变，还是不变

假设团队总结出的结论是：“我们团队内部交流得太少了，所以总是会重复彼此做过的工作，而且把其他人的设计搞得一团糟。”

我们该怎么做呢？引入每日设计会议？引入有助于交流的新工具？增加更多的维基页面？唔，也许吧。不过也不一定。

我们发现，在很多时候，只要能清楚地指出问题所在，到了下一个sprint，问题也许就自行解决了。把sprint回顾结果贴在团队房间的墙上（我们常常忘了这一点，可真丢人！）会更有效。在sprint中引入的每一点变化，都会让团队付出相应的代价；在引入变化之前，可以先考虑什么都别做，寄希望于问题自动消失（或变小）。

上面（“我们团队内部交流得太少了……”）就是一个很典型的例子，说明什么都不做就有可能解决问题。

如果每次一有人发几句牢骚，你就引入新的变化，那人们肯定就不愿意再说小问题了，这可就大为不妙了。

回顾中发现的问题示例

下面是sprint回顾会议上常常出现的一些问题以及相应的典型处理动作。

“我们应该花更多时间把故事拆分成更小的条目和任务。”

这个问题很普遍。在每天的例会上，都会有人说：“我真的不知道今天该干什么。”所以，在每一个例会之后，你都要花些时间来找出具体任务。通常，这些事情提前做会更有效率。

典型动作

无。团队很可能会在下一个sprint计划会议上自己解决掉这个问题。如果它重复出现，就延长sprint计划会议的时间。

“太多的外界干扰。”

典型动作

- 让团队在下一个sprint上减少投入程度，这样就可以有更合理的计划。
- 让团队在下一个sprint上把干扰因素记录得更清楚一些：谁带来的干扰？占用了多长时间？也许这可以帮助我们下次更好地解决问题。
- 让团队试着将所有的干扰因素转给Scrum Master或产品负责人。
- 让团队指定一个人充当“守门员”，所有的干扰都要经由他处理，其他人就可以把注意力保持在项目上。扮演者可以是Scrum Master，也可以大家轮流。

“我们做出了过度的承诺，最后只完成了一半工作。”

典型动作

无。下一次这个团队就不会过度承诺了，或者至少不会像这次一样承诺得这么多。

“我们办公室的环境太吵太混乱了。”

典型动作

- 试着创建一个更好的环境，或者把团队搬出去。去宾馆租一个房间。怎样都行。参见第7章“我们怎样布置团队房间”。
- 如果不可能，就让团队在下次sprint上降低投入程度，并明确注明这是由于嘈杂混乱的环境导致的。希望这可以让产品负责人开始找上级管理人员反映这种问题。

幸运的是，我遇到的状况还没有糟糕到威胁把团队搬出办公室的程度。如果被逼无奈，我会这样做的 :o）。

第11章

不同sprint之间的休整时刻

在实际生活中，你不可能一直像上紧的发条一样始终在高速工作。你需要在冲刺的间歇休息。如果弦总是绷得那么紧，实际上并不会有太大成效。

这对Scrum和软件开发也一样。sprint安排得很紧凑。作为开发人员，你不会有偷懒的机会，每天你都得在那个该死的会议上站起来告诉每个人你昨天完成了什么。几乎没有人愿意说："我昨天基本上一直把腿翘在桌子上，看博客，喝卡布奇诺。"

除了真正的休息以外，还有一个很好的理由让我们在sprint之间进行修整。sprint演示和回顾结束以后，团队和产品负责人都有一大堆信息和想法需要消化。如果他们立刻计划下一个sprint，那就没人能有机会消化现有的信息或是学到的经验，产品负责人也没有时间在sprint演示以后调整优先级。

下图所示的安排比较差。

Monday

09-10: Sprint 1 demo
10-11: Sprint 1 retrospective

13-16: Sprint 2 planning

我们试着在启动新的sprint之前先进行某种形式的修整（精确地说，是在sprint回顾之后，下一个sprint计划会议之前）。不过，我们也失败过。

但最起码，我们会力求保证不在同一天举行sprint回顾和下一个sprint计划会议。在启动新的sprint之前，每个人都应该至少度过一个不需要考虑sprint的夜晚。

下图所示的安排稍好一些。

Monday	Tuesday
09-10: Sprint 1 demo 10-11: Sprint 1 retrospective	9-13: Sprint 2 planning

下图所示的安排更好。

Friday	Saturday	Sunday	Monday
09-10: Sprint 1 demo 10-11: Sprint 1 retrospective			9-13: Sprint 2 planning

“实验日”（你爱叫什么都行）算是一种方式。在这样的日子里，开发人员基本上可以做任何他想做的事情（OK，我承认这种想法是从谷歌来的）。比如研习最新的工具和API，准备认证，跟同事讨论乱七八糟的事情，开发自己喜欢的项目，等等。

我们的目标是在每个sprint之间安排一个实验日。这样你就能得到自然的休息，开发团队也能让自己了解最前沿的知识。这也是一种能够吸引员工的福利。

下图所示的安排最好。

Thursday	Friday	Saturday	Sunday	Monday
09-10: Sprint 1 demo 10-11: Sprint 1 retrospective	LAB DAY			9-13: Sprint 2 planning

目前我们每个月有一次实验日，放在每月的第一个星期五。为什么不放在sprint之间呢？唔，因为我觉得整个公司应当在同样的时间度过实验日，否则就会有人不上心。而且我们到目前为止还没有把所有产品的sprint时间安排都协调一致，所以我不得不选一个跟sprint无关的实验日。

也许有一天我们会试着对所有产品的sprint进行同步，也就是所有的产品跟团队都有相同的sprint启动时间和结束时间。这时，我们肯定就会选择两个sprint之间的日子来作为实验日了。

第12章

怎样针对固定价格合同制定发布计划

- 定义你的验收标准
- 对最重要的条目进行时间估算
- 估算生产率
- 统计一切因素，生成发布计划
- 调整发布计划

有时，一次只计划一个sprint中要做的事情会略显不足，我们还得提前多做些计划。尤其是签了固定价格的合同之后，我们就不得不预先计划了，不然会有无法按期交付的风险。

一般来讲，制定发布计划是在尝试回答这个问题："最晚是什么时候，我们可以交付这个新系统的1.0版本？"

如果真的想学习有关发布计划的知识，我建议你还是跳过这章，去买本迈克·科恩（Mike Cohn）的书《敏捷估算与规划》。我真希望能够早点读到这本书。我是在自己解决完这种问题之后才读到它的……我对发布计划的认识比较简单，不过用来入门也差不多了。

定义你的验收标准

除了普通的产品backlog之外，产品负责人还要定义一系列的验收标准，它从合同的角度将产品backlog中重要性级别的含义进行简单的分类。

下面是验收标准规则的一个例子。

- 所有重要性>=100的条目都必须在1.0版中发布，不然我们就会被罚款到死翘翘。
- 所有重要性在50～99之间的条目应该在1.0中发布，不过也许我们可以在紧接着的一个快速发布版中完成这些。
- 重要性在25～49之间的条目也都是需要的，不过可以在1.1版中发布。
- 重要性< 25的条目都是不确定的，也许永远不会用到。

下面是一个产品backlog的例子，根据上面的规则有不同标识。

重要性	名称
130	banana（香蕉）
120	apple（苹果）
115	orange（橙子）
110	guava（番石榴）
100	pear（梨）
95	raisin（葡萄干）
80	peanut（花生）
70	donut（甜甜圈）
60	onion（洋葱）
40	grapefruit（西柚）
35	papaya（木瓜）
10	blueberry（蓝莓）
10	peach（桃）

130~100 = 必须在1.0版中发布（banana ~ pear）
95~600 = 应该在1.0版中发布（raisin ~ onion）
40~10 = 也许可以以后再做（grapefruit ~ peach）

所以如果我们在最后期限之前能够发布从banana到onion的所有条目，我们就是安全的。如果时间不够用的话，也许我们可以跳过raisin，peanut，donut和onion。onion以下的东西都算是额外的。

对最重要的条目进行时间估算

为了制定发布计划，产品负责人需要进行时间估算，至少是要估算在合同中包含的故事。跟sprint计划会议一样，这是产品负责人和团队协作共同完成的——团队进行估算，产品负责人描述条目内容，回答问题。

如果时间估算最后被证明接近正确结果，那它就是有价值的；如果结果有所偏离，例如偏差了30%，价值则有所降低；如果它跟实际结果一点关系都没有，那就完全没用了。

下图是我根据做估算的人、做估算所用时间以及估算的价值三者之间的关系所画的。

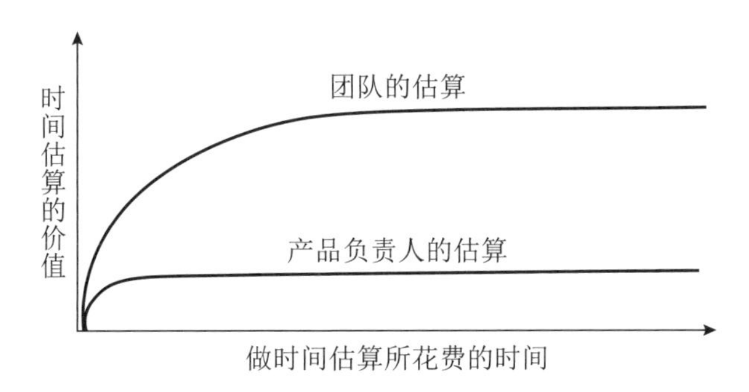

把图中的含义换成文字来表述就显得有些罗嗦。

- 让团队来做估算。
- 不要让他们花太多时间。
- 确保他们理解时间估算只是粗略估算，而不是承诺。

通常，产品负责人会把整个团队聚到一个房间，提供一些食品饮料，告诉他们这个会议的目标是得出产品backlog上前20个（或多少都行）故事的时间估算。他先讲一遍所有的故事，然后让团队开始工作。他会待在房间里，回答大家的问题，必要时解释清楚每一个条目的内容范围。就像做sprint计划一样，“如何做演示”这个字段也有助于减少发生误解的风险。

这个会议的时间必须严格限制，不然团队就会把大量时间浪费在少数几个故事上。

如果产品负责人想在这上面花更多的时间，可以随后再安排一个会议。团队必须保证产品负责人可以清楚地认识到这些会议对他们当前sprint的影响，理解时间估算这个活动本身也是有代价的。

下面是一个时间估算结果的例子（以故事点表示）。

重要性	名称	估算
130	banana	12
120	apple	9
115	orange	20
110	guava	8
100	pear	20
95	raisin	12
80	peanut	10
70	donut	8
60	onion	10
40	grapefruit	14
35	papaya	4
10	blueberry	
10	peach	

估算生产率

OK，现在我们对最重要的故事有了一些粗略的时间估算。下一步是估算每个sprint的平均生产率。

这就意味着我们要确定我们的投入程度。请参见第4章中的“团队怎样决定把哪些故事放到sprint里面？”

投入程度表示“团队有多少时间可以放在当前所承诺的故事上”。它永远不可能是100%，因为团队会把时间用于完成未经计划的条目、切换环境、帮助其他团队、检查邮件、修复自己出问题的电脑、在厨房中讨论政治等等。

假设我们决定了团队的投入程度是50%（相当低了，一般我们都是70%左右），sprint长度是3个星期（15天），团队是6个人。

这样来看，每个sprint都是90个人天，但是只能完整交付45个人天的故事（投入程度是50%）。

所以，我们的估算生产率是45个故事点。

如果每个故事的估算都是5天（实际不是），说明那团队差不多能在一个sprint中完成9个故事。

统计一切因素，生成发布计划

现在我们有了时间估算和生产率（45），可以很容易地把产品backlog拆分到多个sprint中，如下表所示。

重要性	名称	估算
sprint 1		
130	banana	12
120	apple	9
115	orange	20
sprint 2		
110	guava	8
100	pear	20
95	raisin	12
sprint 3		
80	peanut	10
70	donut	8
60	onion	10
40	grapefruit	14
sprint 4		
35	papaya	4
10	blueberry	
10	peach	

在不超出45这个估算生产率的前提下，我们把每个sprint都尽可能塞满了故事。

现在我们知道大约需要3个sprint来完成所有“必须要的”和“应该要的”。

3个sprint = 9 个星期 = 2 个月。这是我们要向客户许诺的最后期限么？要视合同情况、范围限制有多严格等等而定。我们通常都会增加相当多的时间缓冲，以免受到糟糕的时间估算、未预期的问题和未预期的特性等影响。在这种情况下，我们可能会同意把发布日期定在3个月后，让我们“保留”1个月。

我们可以每隔3个星期就给客户演示一些有用的东西，并在过程中邀请他们更改需求（当然也要看是什么样的合同），这很不错。

调整发布计划

现实不会调整自己来适应计划，所以我们必须另谋出路。

每个sprint之后，我们都要看一下这个sprint的实际生产率。如果实际生产率跟估算生产率差距很大，我们就会给下面的sprint调整生产率，更新发布计划。如果这会给我们带来麻烦，产品负责人就会跟客户进行谈判；或者检查一下是否能够在不违反合同的情况下调整范围；或者他跟团队一起找出一些方法，通过消除某些在sprint中发现的严重障碍，提高生产率或是投入程度。

产品负责人也许会给客户打电话说："嗨，我们目前比进度稍微慢了点，不过我相信如果把embedded Pacman这个特性去掉的话，我们就可以在期限之前完工，因为构建它会用我们很多时间。如果你同意的话，我们可以在第一次发布后3周内的后续发布中把它加进去。"

可能这对客户来说不是好消息，但至少我们是诚实的，并且尽早给客户提供了选择——我们是应该准时发布最重要的功能，还是推延一段时间，发布所有的功能。做出这种选择通常都不难。:o）

第13章

我们怎样结合使用Scrum和XP

- 结对编程
- 测试驱动开发（TDD）
- 持续集成
- 代码集体所有权
- 充满信息的工作空间
- 代码标准
- 可持续的开发速度/精力充沛地工作

要说结合使用Scrum和XP（极限编程）可以带来累累硕果，是毫无争议的。我在网上看到过的绝大多数资料都证实了这一点，所以我不会花时间讨论为什么要这么做。

不过，我还是会提到一点。Scrum注重的是管理和组织实践，而XP关注的是实际的编程实践。这就是为什么它们可以很好地协同工作——它们解决的是不同领域的问题，可以互为补充，相得益彰。

所以，我在这里要向现有的实践证据中加上我自己的声音：结合使用Scrum和XP会有显著的收获！

下面我会着重讲述XP中最有价值的一些实践以及我们在每日工作中的应用方式。我们的团队并没有完全尝试过所有的实践，但总的来说，在绝大多数层面上结合使用XP与Scrum，我们都已经尝试过了。有些XP实践直接被Scrum解决掉了，可以被视作二者的重叠。如“整个团队”“坐在一起”“故事”和“计划游戏”。在这些情况下，我们就直接使用了Scrum。

结对编程

我们近来开始在一个团队中实施结对编程。效果相当好。虽然其他团队大多数还没有进行太多尝试，但在一个团队中使用了几个sprint之后，我已经有了很高的热情去指导其他团队进行试用。

下面是到目前为止有关结对编程的一些结论。

- 结对编程可以提高代码质量。
- 结对编程可以让团队的精力更加集中。比如坐在你后面的人会提醒你：“嘿，这个东西真的是这个sprint必需的吗？”
- 令人惊奇的是，很多强烈抵制结对编程的开发人员根本就没有尝试过，而一旦尝试之后却又会迅速喜欢上它。
- 结对编程令人精疲力竭，不能一整天都这样做。
- 常常更换结对是有好处的。
- 结对编程可以增进团队中不同成员之间的知识传播，速度快到令人难以想象。
- 有些人就是不习惯结对编程。不要因为一个优秀的开发人员不习惯结对编程就把他晾到一边坐冷板凳。
- 可以把代码审查作为结对编程的替代方案。
- “领航员”（不用键盘的家伙）自己也应该有一台机器。不是用来开发，而是在需要的时候稍稍做一些探索尝试，当“司机”（使用键盘的家伙），遇到难题的时候查看文档，等等。
- 不要强制大家使用结对编程。鼓励他们，提供合适的工具，让他们按照自己的节奏去尝试。

测试驱动开发（TDD）

阿门！对我来说，它比Scrum和XP还要重要。你可以拿走我的房子、我的电视还有我的狗，但千万不要试着让我停止使用TDD！如果你不喜欢TDD，那就别让我进入你的地盘，不然我一定会想方设法偷偷摸摸地干。 :o）

下面是有关TDD的一个10秒钟总结。

测试驱动开发意味着你要先写一个自动测试，然后编写恰好够用的代码，让它通过这个测试，接着对代码进行重构，主要是提高可读性和消除重复。整理一下，然后继续。

人们对测试驱动开发有着各种看法。

- TDD很难。开发人员需要花上一定时间才能掌握。实际上，往往问题并不在于你用了多少精力去教学、辅导和演示——多数情况下，开发人员掌握它的唯一方式就是跟一个熟悉TDD的人一起结对编程，一旦掌握以后，他就会受到彻底的影响，从此再也不想使用其他方式开展工作。
- TDD对系统设计的正面影响特别大。
- 在新产品中，需要过上一段时间，TDD才能开始应用并有效运行，尤其是黑盒集成测试。但是回报来得非常快。
- 投入足够的时间来保证大家可以轻松写测试。这意味着要有合适的工具、有经验的人、提供合适的工具类或基类等。

我们在测试驱动开发中使用了如下工具。

- jUnit，httpUnit和jWebUnit。我们正在考虑使用TestNG和Selenium。
- HSQLDB用作嵌入式的内存数据库，在测试中使用。
- Jetty用作嵌入式的内存Web容器，在测试中使用。
- Cobertura用来度量测试覆盖率。
- Spring框架用来植入不同类型的测试装置（带有mock、不带mock、带有外部数据库或带有内存数据库等）。

在我们这些经验最丰富的产品中（从TDD的视角来看），都有自动化的黑盒验收测试。这些测试会在内存中启动整个系统，包括数据库和Web服务器，然后只通过系统的公共接口进行访问（例如HTTP）。

它会把开发-构建-测试这三者构成的循环变得奇快无比，同时还可以充当一张安全网，让开发人员有足够的信心频繁重构，伴随着系统的增长，设计依然可以保持整洁和简单。

在新代码上进行TDD

我们在所有的全新开发过程中都使用TDD，即便这会在开始时延长项目配置时间（因为我们需要更多的工具，并为测试装备提供支持等等）。其实用脚指头思考也可以知道，TDD带来的好处如此之大，还有什么理由可以不用它呢。

在旧代码上进行TDD

TDD是很难，但是在一开始没有用TDD进行构建的代码库上实施TDD……则是难上加难！为什么？嗯，实际上，就这个话题我可以大写特写，所以我想最好到此为止。也许我会在我的“硝烟中的TDD”中进行解释。:o）

我们曾经花了大量的时间在一个比较复杂的系统上进行自动化集成测试，它的代码库已经存在很长时间了，处于极度混乱的状态，一丁点的测试代码都没有。

每次发布之前，都有一个由专门的测试人员组成的团队来进行大批量的、复杂的回归测试和性能测试。那些回归测试大多数都是手工进行的。我们的开发和发布周期就这样被严重延误了。我们的目标是将这些测试自动化，但是几个月的痛苦煎熬以后，仍然没有取得多少进展。

之后，我们改变了方式。首先承认自己已经陷入了手工回归测试的泥潭，然后再反思：“怎么让手工回归测试消耗的时间更少呢？”当时开发的是一个赌博系统，我们意识到一点：测试团队在非常琐碎的配置任务上花费了大量的时间。例如浏览后台并创建牌局来测试，或者等待一个安排好的牌局启动。所以我们特地创建了一些实用工具。这些快捷方式和脚本很小，而且使用方便。它们可以完成那些乱七八糟的工作，让测试人员专注于真正的测试。

这些付出确实收到了成效！实际上，我们的确应该从一开始就这样做。当初太急于将测试自动化，以至于忘了应该一步一步走。刚开始应该想办法提高手工测试的效率。

吸取的教训：如果深陷手工回归测试的泥潭，打算让它自动化执行，最好还是放弃吧，除非做起来特别简单。首先还是应该想办法简化手工回归测试，然后再考虑将真正的测试变成自动化执行。

增量设计

这表示一开始就应该保持设计简单化，然后不断进行改进；而不是一开始努力保证它的正确性，然后冻结它，不再改变。

在这一点上，我们做得相当好，我们用了大量的时间来做重构，改进既有设计，而几乎没用什么时间来做大量的预先设计。有时候我们当然也会出错，例如允许一个不稳定的设计“陷入”太深，以至于后来代码重构成了一个大问题。不过总体来看，我们都是相当满意的。

持续的设计改进，这在很大程度上是TDD自动带来的成果。

持续集成

我们的大多数产品在持续集成方面都已经很成熟了，它们是基于Maven和QuickBuild的。这样做很管用，而且也帮我们节省了大量时间。对于“哎，它在我的电脑上没有问题”这样的老问题，持续集成也是终极解决方案。要判断所有代码库的健康状况，可以用持续构建服务器充当“法官”或是参考点。每次有人向版本控制系统中提交东西，持续构建服务器就会在一个共享服务器上从头构建一切，运行所有测试。如果出现问题，它就会向整个团队发送邮件告知大家构建失败，在邮件中会包括有哪些代码的变化导致构建失败的精确细节，指向测试报告的链接等。

每天晚上，持续构建服务器都会从头构建产品，并且向我们的内部文档门户上发布二进制文件（ears和wars等）、文档、测试报告、测试覆盖率报告和依赖性分析报告等。有些产品也会被自动部署到测试环境中。

把这一切搭建起来需要大量工作，但付出的每一分钟都是有价值的。

代码集体所有权

我们鼓励代码集体所有权，但并不是所有团队都采取这种方式。我们发现一点，在结对编程中频繁交换结对，会自动把代码集体所有权提到一个很高的级别。我们已经证实，如果团队拥有高度的代码集体所有权，这个团队就会非常健壮，比如某些关键人物生病了，当前的sprint也不会因此而“嗝屁着凉”。

充满信息的工作空间

所有团队都可以有效利用白板和空的墙壁空间。很多房间的墙上都贴满了各种各样关于产品和项目的信息。这样做最大的问题，就是那些旧的作废信息也堆在墙上，也许我们应该在每个团队中引入一个“管家”的角色。

我们鼓励使用任务板，但是并不是所有团队都在用它。参见第7章“我们怎样布置团队空间”。

代码标准

不久前我们开始定义代码标准。它的用处很大，要是我们早这样做就好了。引入代码标准几乎没花多少时间，我们只是一开始从简单入手，让它慢慢增长。只需要写下不是所有人都了如指掌的事情，并尽可能加上对外部资料的链接。

绝大多数程序员都有他们自己特定的编程风格。例如他们如何处理异常，如何注释代码，何时返回null，等等。有时候这种差异没什么关系，但在某些情况下，系统设计就会因此出现不一致的现象，情况严重，代码也不容易看懂。这时代码标准的用处就会凸显，从造成影响的因素中就可以知道了。

下面是我们代码标准中的一些例子。

- 你可以打破这里的任一规则，不过一定要有个好理由，并且记录下来。
- 默认使用Sun的代码惯例：http://java.sun.com/docs/codeconv/html/CodeConvTOC.doc.html。
- 永远，永远，永远不要在没有记录堆栈跟踪信息（stack trace）或是重新抛出异常的情况下捕获异常。用log.debug()也不错，只要别丢失堆栈跟踪信息就行。
- 使用基于setter方法的依赖注入来将类与类解耦。当然，如果紧耦合可以令人满意，就另当别论。
- 避免缩写。为人熟知的缩写则可以，例如DAO。
- 需要返回Collections或者数组的方法不应该返回null。应该返回空的容器或数组，而不是null。

可持续的开发速度或精力充沛地工作

很多有关敏捷软件开发的书都声称：“加班工作在软件开发中会降低生产率。”

经过几次不情愿的试验之后，我完全拥护这种说法！

大约一年以前，我们中有一个团队（最大的团队）在疯狂加班。现有代码库的质量惨不忍睹，他们不得不投入绝大多数的时间来救火。测试团队（同样也在加班）根本没有时间认真做质量保证工作。我们的用户很生气，小道消息和流言满天飞，快把我们活活吞掉了。

几个月后，我们成功地把大家的工作时间缩短到了适当的范围。他们正常上下班，除了有时候在项目关键期要加班以外。令人惊异的是，生产率和质量都取得了显著的提高。

当然，减少工作时长绝不是带来改进的唯一因素，但我们都确信它的影响很大。

第14章

我们怎样做测试

- 你大概没法取消验收测试阶段
- 把验收测试阶段缩到最短
- 把测试人员放到Scrum团队来提高质量
- 在每个sprint中少做工作来提高质量
- 回到现实

这是最困难的部分。我不知道它到底只是Scrum中最困难的部分，还是在软件开发中通常都是最困难的部分。

在不同组织的各种开发活动中，测试可能是差异最大的。它依赖于你有多少个测试人员、系统类型（只是服务器+Web应用，还是交付完整的软件？）、发布周期的长短、软件的重要性（博客服务器vs.飞行控制系统），等等。

我们曾经尝试过多种在Scrum中做测试的方式。下面我会尽量描述一下我们的做法以及到目前为止掌握的经验。

你大概没法取消验收测试阶段

在理想化的Scrum世界中，每个sprint最终会产生一个可部署的系统版本。那赶紧部署就好了，不是么？

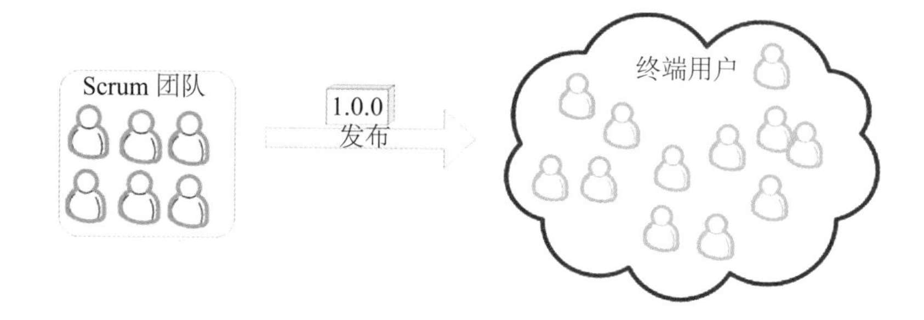

不是。

根据我们的经验，这样做一般都是不成的。很恶心的bug会因此出现。如果质量对你来说还算重要，你就应该进行验收测试。此时，团队之外的专职测试人员会用测试来攻击系统，而且这些测试是Scrum团队要么考虑不到，要么没有时间完成，或是限于硬件条件无法完成的。测试人员会采取与终端用户一模一样的方式来操作系统，也就是说他们必须要手工进行测试（假设你的系统用户是人）。

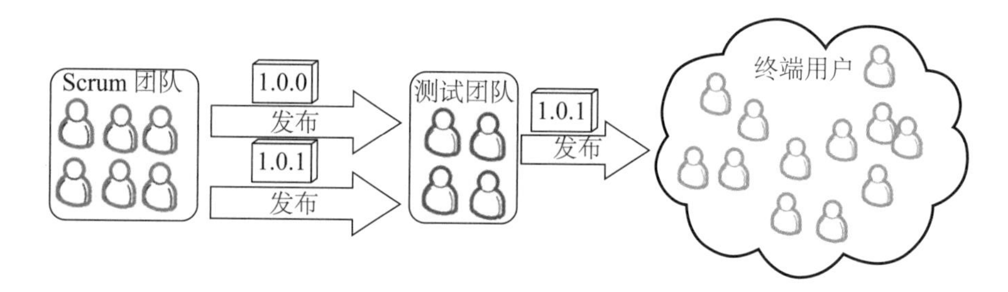

测试团队会发现bug，Scrum团队就得发布针对bug修复的版本，或早或晚（希望更早一些）你就要为终端用户发布修复了bug的1.0.1版本，而不是问题重重的1.0.0版本。

我说的“验收测试阶段”，是指整个测试、调试、重新发布阶段，直到得到可以用来做产品发布的版本为止。

把验收测试阶段缩到最短

验收测试阶段会让人受不了。那的确让人觉得不太敏捷。虽然我们不能逃避这个阶段，但可以想办法尽量缩短时间。说得更明白一些，把需要花在验收测试阶段上的时间减到最少。我们采取的是以下做法。

- 全力提高Scrum团队交付的代码质量。
- 全力提高人工测试工作的效率，即找到最好的测试人员；给他们最好的工具；确保他们上报那些耗费时间却能够自动化完成的工作。

那我们该怎么提高Scrum团队提交的代码质量呢？嗯，办法还是很多的。我们发现下面这两种办法效果很好。

- 把测试人员放到Scrum团队中。
- 每个sprint少做点儿工作。

把测试人员放到Scrum团队来提高质量

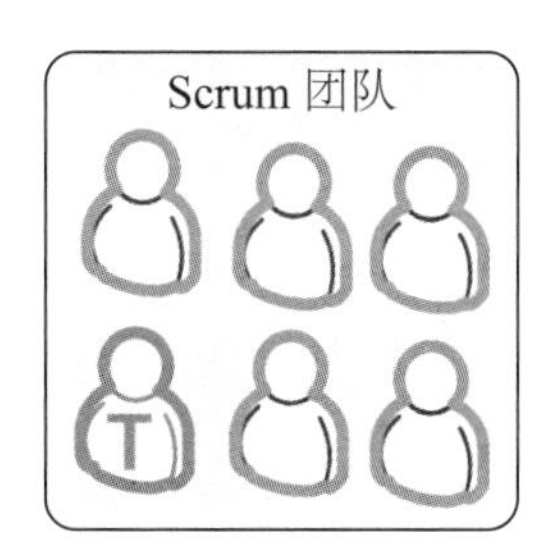

是的，我听到过对立的意见：

- “很明显啊！Scrum团队应该是跨职能的！”
- “Scrum团队应该是不分角色的！我们不能把只做测试的人放到里面来！”

让我澄清一下。这里我说的“测试人员”指的是“主要技能是测试的人”，而不是“只做测试的人”。

开发人员常常都是很差劲的测试人员，尤其是在测试自己代码的时候。

测试人员就是“验收的家伙”

除了“只是”个团队成员以外，测试人员还有个重要的工作要做。他负责验收。sprint中的任何工作，如果他不说完成，那就不能算完成。我发现开发人员常常说一些工作已经完成了，但事实并非如此。即使你有一个很明确的对“完成”的定义（你确实应该如此，参见第4章中的“定义‘完成’”），开发人员也会经常忘掉。我们这些编程的人都不怎么有耐心，经常都是猴急地一门心思想着尽快去做下一个条目。

那么我们的测试先生怎么知道某些事情已经完成呢？嗯，首先，他应该测试它！（吃惊吧？）我们经常发现，开发人员认为“完成”的工作，却根本无法测试！原因包括代码没有提交或者还没有部署到测试服务器上，等等。一旦测试先生开始测试这个特性，他就要跟开发人员一起浏览一遍“完成”检查列表（如果你有的话）。例如，如果在“完成”的定义中写着一定要有版本说明，那测试先生就要去检查是不是有版本说明。如果对这个特性有比较正式的规范说明（我们这里很少有这种情况），测试先生就要据此进行检查。如此等等，不一而足。

妙处由此而生。这下团队中就有了这样一个人，可以完美地担当组织sprint演示的职责。

如果没有任何事情需要测试，那测试人员该做什么

这个问题会常常出现。测试先生会说：“嘿，Scrum Master，目前没有什么东西需要测试，那我该做什么呢？”也许团队需要一个星期才能完成第一个故事，那这段时间测试人员该做什么呢？

嗯，首先，他应该要为测试做准备。包括编写测试规范，准备测试环境，等等。开发人员有开发完的功能可供测试以后，就不用再等了，测试先生可以立刻开始测试。

如果团队在做TDD，从第一天开始，大家都会花时间来写测试代码，此时测试人员应该跟编写测试代码的开发人员一起结对编程。如果测试人员根本不会编程，也应该跟开发人员结对，即便他只能坐在一边看，让开发人员敲键盘。相对于好的开发人员，好的测试人员常常能想出多种不同类型的测试，所以他们可以互补。

如果团队没有实施TDD或者没有足够的测试用例需要写，那测试人员可以去随意做一些能够帮助团队达成sprint目标的事情，就像其他团队成员一样。如果测试人员会编程，那自然再好不过。如果他不会，你的团队就得找出在sprint中需要完成的而且不用编程的工作。

在sprint计划会议中，进行到拆分故事阶段，团队会把注意力放在编程性任务上，但一般在sprint中都会有很多非编程性任务需要完成。如果在sprint计划阶段花上一些时间来找出非编程性任务，测试先生就有机会来做出大量贡献，即使他不会编程，当前也没有测试工作要做。

下面是在sprint中需要完成的非编程性任务的例子。

- 搭建测试环境。
- 明确需求。
- 与运营部门讨论部署的操作细节。
- 编写部署文档（版本说明、RFC或任何组织中要写的东西）。

- 和外界的资源进行联系（例如GUI设计师）。
- 改进构建脚本。
- 将故事进一步拆分成任务。
- 标识出来自开发人员的核心问题并协助解决这些问题。

从另一个角度来看，如果测试先生成了瓶颈，那我们该怎么办？假设在sprint的最后一天突然完成了很多工作，测试先生根本没有时间测试完所有的事情。我们怎么办？不妨把团队中的所有人都分配给测试先生当助手。他决定哪些事情自己来做，把一些烦人的测试交给团队中的其他人来做。这就是跨职能团队该做的事情！

所以没错，测试先生确实在团队中有一个特定的角色，不过他仍然可以做其他工作，其他团队成员也可以做他的工作。

在每个sprint中少做工作来提高质量

回到sprint计划会议上。简单来说，就是不要把太多故事都放到sprint里面！如果碰到质量问题或者验收测试周期太长，干脆就每个sprint都少干点！这会自动带来质量提升、验收测试周期缩短、影响终端用户的bug减少并在短期内得到更高的生产力，因为团队可以始终关注于新的东西，而不是不断修复出现问题的旧功能。

相对于构建大量功能之后不得不在惊慌失措的状态下做热修复来说，少构建一些功能但弄得稳定点儿，这样做合算得多。

验收测试应该作为sprint的一部分么

我们在这里分歧较大。有些团队把验收测试当成sprint的一部分。但大部分团队都没有这样做。原因主要有两点。

- sprint是有时间盒限制的。验收测试（在我的定义中，它要包括调试和再次发布）的时间却很难固定。如果时间用完了，你还有一个严重的bug怎么办？是要带着这个严重bug交付上线，还是等到下个sprint再说？大多数情况下，这两种解决方案都是不可接受的。所以我们把人工验收测试排除在外。
- 如果有多个团队开发同一个产品，那就得等所有团队的工作成果合并以后，再进行人工验收测试。如果每个团队都在sprint中进行人工验收测试，最后还是要有一个团队测试最终版本，而且这个版本集成了全部团队的工作。

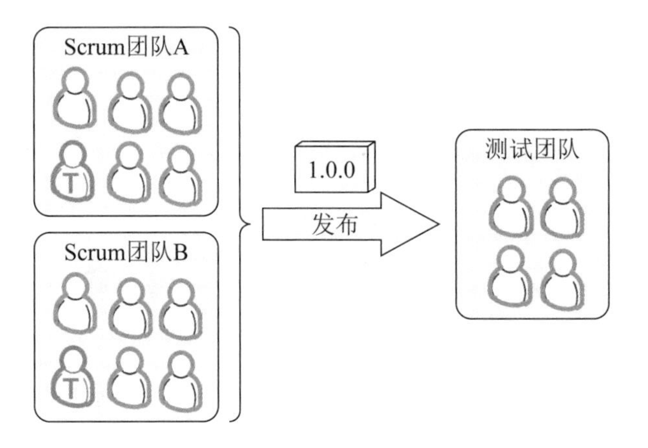

这个解决方案不算完美，但对我们来说，已经可以满足大多数情况的需要了。

sprint周期vs.验收测试周期

在完美的Scrum世界中，你根本不需要验收测试阶段，因为每个Scrum团队在每个sprint结束以后，都会发布一个新的可供产品化的版本。

不过，下面这张图就更符合实际情况了。

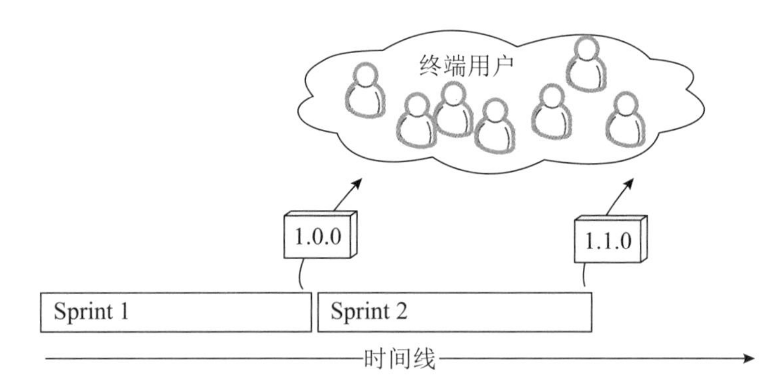

在sprint 1之后，我们得到了满是bug的1.0.0版本。在sprint 2中，bug报告开始涌入，团队花了大部分的时间来进行调试，然后又被迫在sprint的中期发布了修复了bug的1.0.1版本。到了sprint 2末尾，他们发布了1.1.0版本，提供了一些新特性，但bug数量有增无减，因为他们从上一个版本发布以后就一直被bug所干扰，所以能够用来保证代码质量的时间就更少。然后就一直这样循环下去……

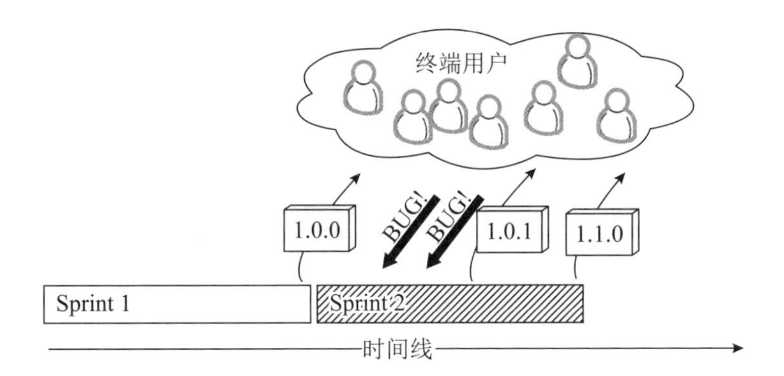

在sprint 2中的斜线表明有混乱的存在。

不怎么好看，是吧？但令人悲哀的是，即使你有验收测试团队，这些问题仍会存在。唯一的区别是，在后者中，大多数bug报告会来自于测试团队，而非怒气冲冲的用户。从商业视角来看，二者之间有着很大差别，但对开发人员而言却几乎没什么两样。不过测试人员通常都没有用户那么强势。一般如此。

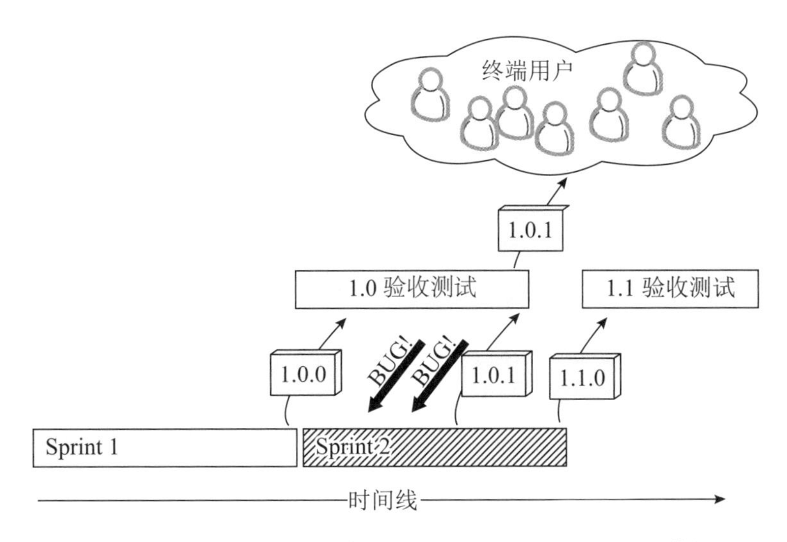

我们目前还没有发现这个问题的解决方案。不过还是尝试过许多不同的模型。

首先，还是全力提高Scrum团队发布的代码质量。在一个sprint中及早发现并修复bug，要比sprint结束以后再这样做的代价小得多。

但事实还是事实，就算是我们可以把bug数量减少到最小，在sprint结束后还是有bug报告出来。那我们是怎么做的呢？

方式1：“在旧版本可以产品化之前，不构建新特性”

听起来挺不错的，不是吗？你是否也有这种温暖舒适的感觉？

我们曾经几度差点采用这种方式，而且还画出了想象中如何进行实施的模型。但是意识到它的负面影响后，我们就改变了主意。如果这样做的话，我们就得在sprint之间添加一个无时间限制的发布阶段，而且在这个时期内只能进行测试和调试，直到可以做出产品发布为止。

Sprint 1	发布	Sprint 2	发布	Sprint 3

——————时间线——————→

我们不喜欢在sprint之间加上无时限的发布阶段，主要是因为它可能会破坏sprint的节奏。我们再也无法说出“每3周启动一个新的sprint”这样的话来。另外，它也没法根除问题。即使有一个发布阶段，依然会不时出现紧急的bug报告，我们不得不为它们做好准备。

方式2：“可以开始构建新东西，但要给‘将旧功能产品化’分配高优先级”

这是我们最喜欢的方式。至少现在如此。

一般我们完成一个sprint以后就会开始进行下一个。但是我们会在接下来的sprint中花一些时间解决过往sprint中留下的bug。如果修复bug占用了太多时间，从而导致接下来的sprint遭到严重破坏，我们就会分析问题产生的原因以及如何提高质量。我们会确保sprint的长度，使之足以完成对上个sprint中一定数量bug的修复。

随着时间推移，经过几个月以后，修复上个sprint遗留bug所用的时间就会减少。而且当bug发生以后，所牵扯的人也更少了，所以不会总是干扰整个团队。现在这种做法已经得到了更多人的认可。

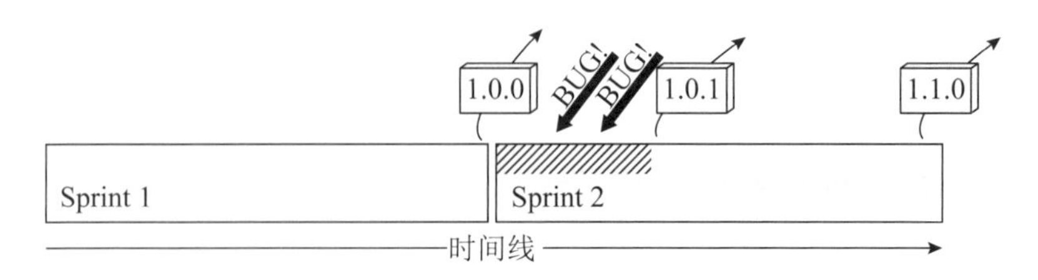

在sprint计划会议上，考虑到会花时间修复上个sprint的bug，所以我们会把投入程度设得足够低。经过一段时间，团队在估算方面已经做得很到位了。生产率度量也起到了很大的帮助作用。详情参见第4章中的“团队怎样决定把哪些故事放到sprint里面”。

糟糕的方式——“只关注构建新东西”

它实际的含义是“关注构建新东西，而不是把旧的产品化”。真有人会这么干？嗯，我们刚开始的时候经常犯这样的错误，我相信很多公司也不例外。这种症状跟压力有关。很多经理都不能真正理解为什么即使所有的编程活动都已完成，但产品发布还遥遥无期。至少复杂系统是这样的。所以经理（或者产品负责人）要求团队继续增加新特性，而大家手中那些“差不多可以发布”的代码就越来越多，整个工作的速度都会因此而放缓。

别把最慢的一环逼得太紧

假设验收测试是你那里最慢的一环。测试人员稀缺，或者低劣的代码质量造成验收测试周期过长。

假设你的验收测试团队每星期最多测试三个特性（不，我们不会用“每周测试的特性”来进行度量，我只是在这个例子中用一下而已），而开发人员每星期能够开发6个特性。

经理或者产品负责人（甚至团队）会觉得不妨每周安排开发6个特性。

千万不要这么干！你最终一定会认识到现实的残酷，可那时伤害已经造成。

实际上，应该安排每周只完成3个特性，多余的时间用来攻克测试的瓶颈。

- 让一些开发人员去做测试人员的工作，呃，他们会因此而爱你的……
- 实现一些工具或脚本，用来简化测试工作。
- 增加更多的自动化测试代码。
- 延长sprint长度，把验收测试放到sprint里面。
- 把一些sprint定义为“测试sprint”，其中整个团队都作为验收测试团队进行工作。
- 雇佣更多测试人员，即使这会意味着减少开发人员。

这些解决方案我们全都试过，除了最后一点。最好的长期解决方案当然是第2点和第3点，即更好的工具与脚本，还有测试自动化。

回顾可以帮助我们更好地识别出最慢的环节。

回到现实

也许我的话会让你认为我们在所有的Scrum团队中都有测试人员，针对每个产品都有大规模的验收测试团队，在每个sprint结束以后都会进行发布，等等，等等。

其实，我们也没有做到。

我们有几次能成功地做到这种程度，也能看到它所带来的正面影响。但我们的质量保证过程想要得到认可，所以，还有很长的路要走，我们仍然有很多东西要学。

第15章

我们怎样管理多个Scrum团队

- 创建多少个团队
- 虚拟团队
- 最佳的团队规模
- 是否同步多个sprint
- 为什么我们引入了“团队领导”的角色
- 是否使用特定的团队
- 我们怎样在团队中分配人手
- 是否在sprint之间重新组织团队
- 是否拆分产品backlog
- 多团队回顾

在多个Scrum团队开发同一个产品的状况下，很多事情都会变得更加复杂、棘手。这个问题普遍存在，跟Scrum没有太大关系。更多开发者=更多复杂情况。

我们也（和往常一样）碰到过这种情况。人最多的时候，大约有40个人开发同一个产品。

这里有下面两个核心问题。

- 要创建多少个团队？
- 如何把人员分配到各个团队中？

创建多少个团队

既然管理多个Scrum团队这么困难，那我们干嘛抽风，还要没事儿找罪受呢？为啥不把所有人都放到一个团队里面去呢？

在我们之前的团队中，单个Scrum团队最多包括11个人。大家可以一起工作，但是效果不好。每天的Scrum会议基本上都会超过15分钟。每个人都不太清楚其他人在做什么，所以整个状态就有些混乱。Scrum Master很难保证每个人都在向同一个目标努力，也不太能找得到时间来解决发现的所有问题。

有人可能会建议说，把大团队分成两个团队。但这样做情况就一定会好转么？未必。

如果这个团队在实施Scrum方面很有经验，也习惯这种做法，而且能够以符合其内在逻辑的方式切分产品，把它分成两个独立的部分，保证各自的源代码不会重叠，那把团队分割就是一个好主意。不然，我还是会坚持用一个团队，尽管大团队存在种种缺陷。

我的经验是，宁可团队数量少，人数多，也比弄上一大堆总在互相干扰的小团队强。要想拆分小团队，必须确保他们彼此之间不会产生互相干扰！

虚拟团队

在“大团队”和“多团队”之间权衡利弊之后，你做出了自己的决策，可怎么知道这种决策是对还是错呢？

如果注意观察、仔细聆听，也许你会注意到“虚拟团队”的存在。

> 示例1
>
> 你选择了使用“大团队”。不过观察一下sprint中的交流方式，你就能发现事实上这个大团队自动分成了两个子团队。
>
> 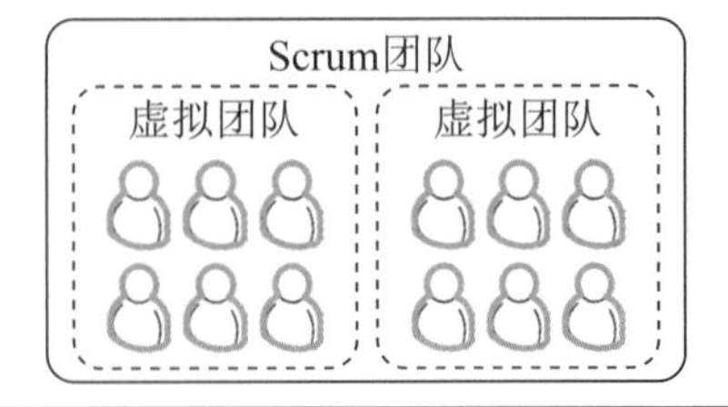
>

> **示例2**
>
> 你选择了使用三个小团队的方式。不过观察一下sprint中的交流方式，你就会发现团队1和团队2一直在交流，而团队3比较孤立。
>
> 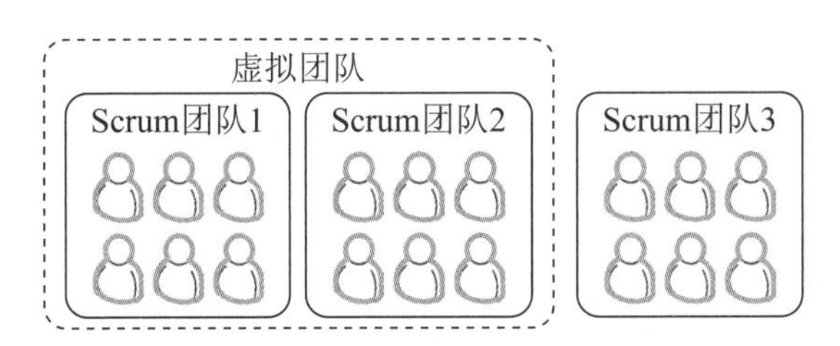
>

那么这到底意味着什么呢？是你的团队分割策略有问题吗？唔，如果类似虚拟团队一直这样保持下去的话，那就表示做错了；如果只是暂时的话，那就没问题。

让我们再看一下示例1。如果这两个虚拟的子团队一直变化（也就是大家在虚拟团队中换来换去），那把他们放到一个团队中就没有问题。如果二者的构成在整个sprint中保持不变，在下个sprint中可能就得考虑把他们分成两个真正的Scrum团队了。

现在再看看示例2。如果团队1和团队2在整个sprint中一直聊来聊去（把团队3扔在一边），在下个sprint中你大概就得把团队1和2合并到一块。如果在sprint的前半阶段，团队1和团队2一直交流，然后在后半阶段，团队1和团队3又相谈甚欢，那合并或者保持原样就都是可行的。你可以在sprint回顾会议上提出这个问题，让团队自己决定。

在Scrum中，团队分割确实很困难。不要想得太多，也别费太大劲儿做优化。先做实验，观察虚拟团队，然后确保在回顾会议上有足够的时间来讨论这种问题。迟早就会发现针对你所在环境的解决方案。需要重视的是，必须要让团队对所处环境感到舒适，而且不会常常彼此干扰。

最佳的团队规模

在我读过的大多数书中，5到9个人被公认为是“最佳的”团队构成人数。

从到目前为止观察到的情况来看，我同意这种说法。不过我会建议说3到8个人。而且我相信，为了达到这种团队规模，花上一定代价还是值得的。

假设你有一个10人的Scrum团队。那么就考虑一下把最差的两个人踢出去吧。噢，我真的这么说过么（囧）？

见下图，假设你有两个不同的产品，每个产品都由一个3人团队负责，进度都很慢。也许可以把他们合并成有6个人的团队，同时负责这两个产品。然后让其中一个产品负责人离开这里（或者给他顾问之类的角色）。

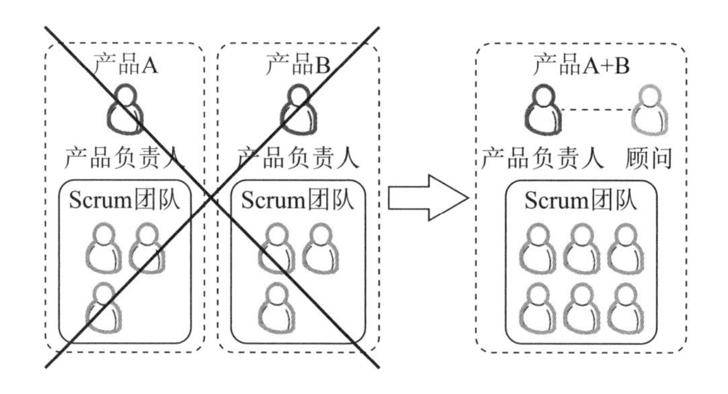

假设你的团队有12个人，因为代码库很烂，所以两个团队不可能独立在上面工作。那就应该认真投入时间、精力修复代码库（而不是引入新特性），直到可以分拆团队为止。这种投资很快就可以得到回报。

是否同步多个sprint

假设有三个Scrum团队开发同一个产品。他们的sprint应该同步吗？在同样的时间启动和停止？或者应该交叉覆盖？

下图中，我们一开始是让这些sprint有交叉（考虑到各自的时间安排）。

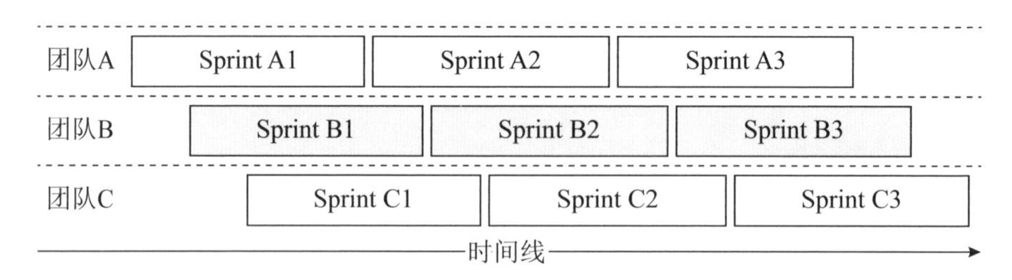

听上去挺不错。在任何一个给定的时间点上，都有一个正在进行的sprint接近结束，而新的sprint即将开始。产品负责人的工作负担会随着时间的推移逐步摊开。各个版本如溪流般汩汩流出。每周都有演示。老天保佑！

耶，我知道你想说什么，但大家从前真的觉得这个想法挺不错的！

我们一开始也是这么做的，直到有一天我有机会跟施瓦伯（Ken Schwaber）在我的Scrum认证期间进行了交流。他指出这种做法很有问题，如果将各个sprint同步的话会好得多。我记不清他的确切理由，但经过几次讨论之后，我就被他说服了。

从那以后，我们就采用了下图所示的解决方案，也从没觉得有什么不对劲儿的。我也没有机会了解那种交叉的方案是否终会失败，但我觉得应该如此。同步进行的sprint有如下优点。

- 可以利用sprint之间的时间来重新组织团队！如果各个sprint重叠的话，要想重新组织团队，就必须打断至少一个团队的sprint进程。
- 所有团队都可以在一个sprint中向同一个目标努力，他们可以有更好的协作。
- 更小的管理压力，即更少的sprint计划会议、sprint演示和发布。

团队A	Sprint 1	Sprint 2	Sprint 3
团队B	Sprint 1	Sprint 2	Sprint 3
团队C	Sprint 1	Sprint 2	Sprint 3

时间线→

为什么我们引入了“团队领导”的角色

如下图所示，假设我们有三个团队开发同一个产品。

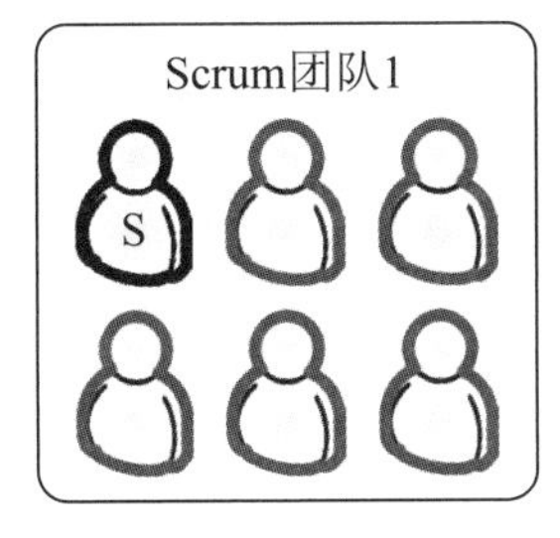

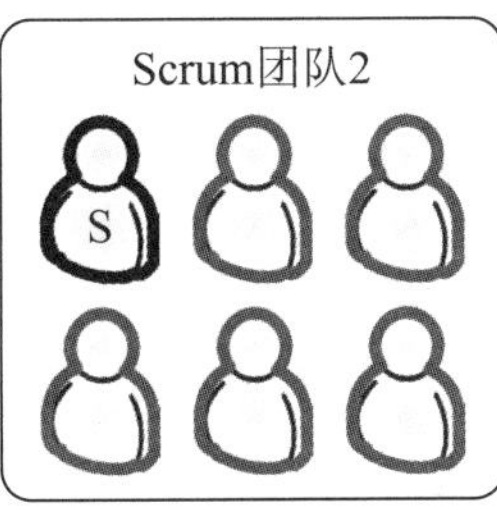

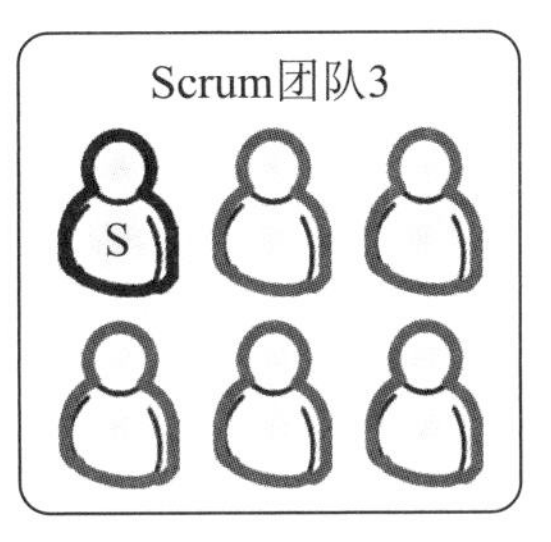

那个标记为P的家伙是产品负责人。标记为S的黑色家伙是Scrum Master。其他的就是一直哼哼唧唧的……呃……值得尊敬的团队成员。

在这个群星荟萃的团队中，谁来决定哪些人属于哪个团队？产品负责人？三个Scrum Master集体决定？还是每个人都可以选择自己的团队？那如果每个人都想待在团队1里面怎么办（因为第一个Scrum Master颜值太高）？

如果后来发现最多只能有两个团队并行工作在这个代码库上，那我们就得把这三个6人团队变成2个9人团队。那当前这3个Scrum Master中，哪一个会失去头衔？

很多公司都有这种敏感的问题。

有人可能会觉得让产品负责人来做人员分配是个好主意。但这不是产品负责人职责以内的事情，对吧？产品负责人是领域专家，他可以指导团队的前行方向，但不应该被牵扯到乱七八糟的扯淡细节中，尤其是如果他是“鸡”（chicken）的话。如果你不了解鸡和猪的隐喻，可以谷歌搜一下“chickens and pigs”。

我们通过引入“团队领导”的角色来解决了这个问题。你也许称之为“Scrum中的Scrum Master”，或者“老大”，也或者“首席Scrum Master”等。他不用领导某个团队，但是会负责跨团队的问题，例如谁担任哪个团队的Scrum Master，大家如何分组，等等。

我们在给这个角色取名字的时候费了好大劲。我们找到了很多名字，“团队领导”已经算是最好的了。

这种方法效果很好，所以我也向你们推荐一下（怎么给这个角色命名就无所谓了）。

我们怎样在团队中分配人手

有多个团队开发同一个产品时，一般有两种分配人手的策略。

- 让一个指定的人来做分配，例如我前面提到的“团队领导”，或产品负责人，或职能经理（如果他的参与度比较高，就可以做出正确的决定）。
- 让团队自己决定。

我们这三种都用过。三种？是的，策略1，策略2，还有二者的组合。

我们发现二者组合以后的效果最好。

在sprint计划会议之前，团队领导会跟产品负责人和所有的Scrum Master一起开团队分配会议。我们共同讨论上一个sprint，决定是否需要进行重分配。也许会合并两个团队，或者调换某个人。我们就一些问题达成一致，并写到团队分配提案中，在sprint计划会议上进行讨论。

在sprint计划会议上，我们首先遍历产品backlog中优先级最高的条目。然后团队领导说：“各位，我们建议下一个sprint像下面这样分配人手。”

“你们看，我们会从4个团队变成3个。每个团队中的人员名单已列出来了。你们可以凑到一块自己商量一下要墙上的哪块地方。”

团队领导耐心地等着大家在房间里转悠，直到他们分成3组，各自站在一块空墙下。

“目前这个团队分配只是初步计划！就是为了节省点大家的时间。接下来开会的时候，你们还可以去另一个团队，或者把你们这个团队一分为二，或者跟另一个团队合二为一，怎么都行。做选择的时候动动脑子，考虑一下产品负责人定下来的优先级。”

我们发现这种方式效果最好。最开始使用一些集中式控制，然后再用分散式优化。

是否使用特定的团队

假设你们的技术选型包括下面三种主要组件。

客户端
服务器
DB

再比如说参与开发这个产品的有15个人之多，所以你也不想把他们都放在一个Scrum团队里面。那该怎样创建团队呢？

方式1：特定于组件的团队

方式之一是创建针对特定组件展开工作的团队，例如“客户端团队”“服务器团队”和“DB团队”。

我们以这种方式开始。但效果不太好，要是大多数故事都涉及多个组件就更糟了。

比如，如果有一个名为“留言板，可供用户在上面给彼此留言”的故事。这个特性需要更新客户端的用户界面，向服务器中添加逻辑，还要增加数据库中的表。

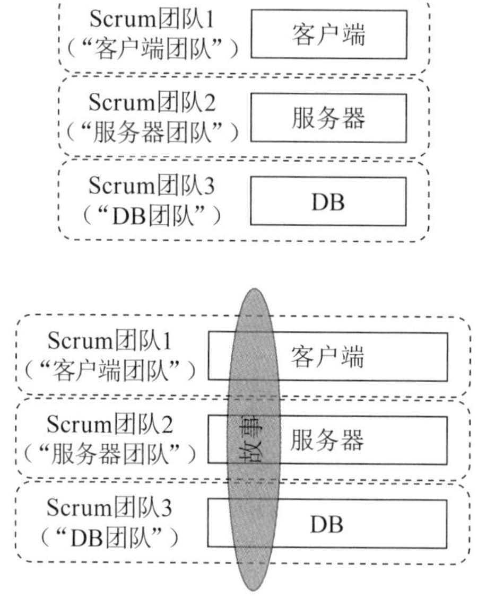

这就意味着这三个团队（客户端团队、服务器团队和DB团队）需要协作来完成这个故事。情况不妙啊!

方式2：跨组件的团队

第二种方式是创建跨组件的团队，也就是说团队的职责不会被束缚在任何特定的组件上。

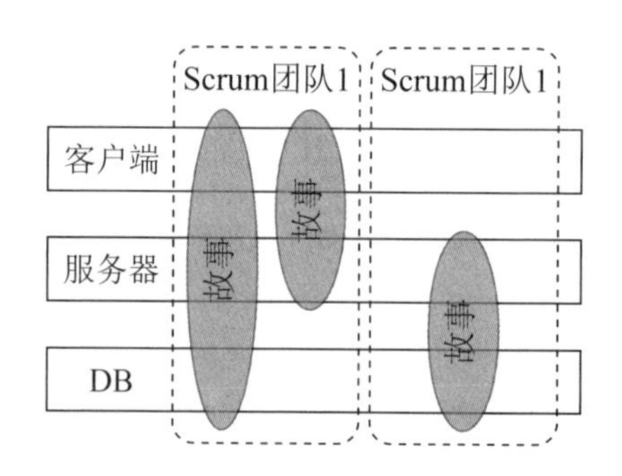

如果大多数故事都包括多个组件，那这种团队划分方式的效果就很好。每个团队都可以自己实现包括客户端、服务器和DB三部分的完整故事。他们可以互相独立工作，这就很好。

我们在实施Scrum的时候，所做的第一件事情就是打乱特定于组件的团队（方式1），创建跨组件的团队（方式2）。它减少了诸如“我们没法完成这个条目，因为我们在等服务器那帮家伙完成他们的工作”之类的情况发生。

不过，要是有很强烈的需求，我们也会临时创建针对特定组件展开工作的团队。

是否在sprint之间重新组织团队

一般来讲，由于各自优先级最高的故事类型不同，不同的sprint之间会有很大差别，因此也会导致各个sprint理想的团队构成也有所不同。

实际上，几乎在每个sprint中我们都会发现自己在说："这个sprint确实非同一般，原因在于……"一段时间以后，我们就放弃了"普通"sprint的观念。世界上没有普通的sprint，就像没有"普通"的家庭和"普通"的人一样。

在sprint中，组建一个只负责客户端的团队，团队中每个人都熟悉客户端代码，这也许是个好主意。到了下个sprint，也许弄两个跨职能团队，把负责客户端代码的人拆分出去也是个好主意。

团队凝聚力是Scrum的核心要素之一，如果一个团队合作工作达多个sprint之久，他们就会变得非常紧密。他们会学会如何达成团队涌流①，生产力会提升至难以置信的地步。不过要达到这个地步需要花上一定时间。如果不断变换团队组成，你就永远无法得到强悍的团队凝聚力。

所以，如果你确实想要重新组织团队，请先考虑一下后果。这是个长期变化还是短期变化？如果是短期变化，最好考虑跳过这一步。如果是长期变化，那就干吧。

这里有个例外：第一次在大型团队中开始实施Scrum的时候，你需要就团队拆分进行一些实验，最后才能找到令所有人都满意的做法。要确保所有人都能够理解：在最开始几次时犯些错误是可以接受的，只要能够持续改进。

兼职团队成员

我很认同Scrum书中所说的这句话："在Scrum团队中，一个人身兼多职一般都不是什么好主意。"

假设乔是Scrum团队中的兼职成员。在让他进团队之前，你最好先认真考虑一下这个团队确实需要乔么？你确定乔不能全职工作？他还要做什么其他事情呢？能不能找其他人接过乔的其他工作，让乔在那份工作中只起到被动的、支持性的作用？乔能不能从下一个sprint起在你的团队中全职工作，同时把他的其他工作转交给其他人？

---

① 中文版编注：涌流（group flow）也称"集体心流"指一个团队在做事情的时候进入了心流的状态，核心点一致，专注、投入。整个队伍融合为一体，处处合指，推行分工协作。海豹突击队最强调这样的状态。

有时就是没有其他办法。你没有他不行，因为他是这个楼里唯一的DBA，但是其他团队也非常需要他，所以他永远不可能把所有的时间都分配给你的团队，而公司也不能雇用其他DBA。好吧。这种情况下就可以让他兼职工作了（这恰恰是我们碰到的情况）。但你要确定每次都进行这种评估。

一般来讲，我宁愿要三个全职工作的成员，也不愿意要8个只能做兼职的。

如果有一个人需要把他的时间分配给多个团队，就像上面提到的DBA一样，那最好让他有一个主要从属的团队。找出最需要他的团队，把它当作他的“主队”。如果没有其他人把他拖走，那他就得参加这个团队的每日Scrum会议、sprint计划会议和回顾等。

我们怎样进行Scrum-of-Scrums

Scrum-of-Scrums实际上是一个常规会议，目的是让所有Scrum Master聚到一起交流。

我们曾经有过四个产品，其中三个都只有一个Scrum团队，而最后一个产品则共有25人，分成了好几个Scrum团队，如下图所示。

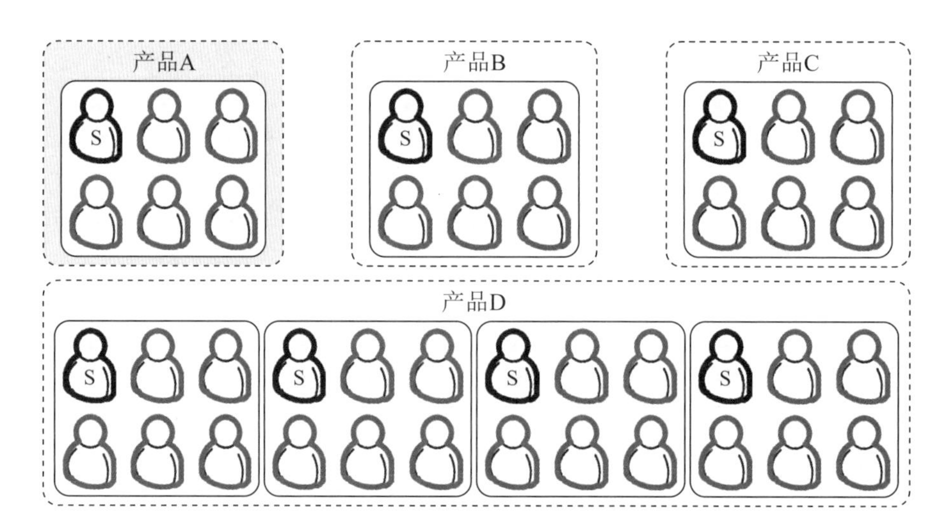

这意味着我们有两个层次的Scrum-of-Scrums。一个是“产品层次”的Scrum-of-Scrums，包括Product D中的所有团队，另外一个是“团体层次”的 Scrum-of-Scrums，包括所有的产品。

产品层次的Scrum-of-Scrums

这个会议非常重要。我们一周开一次，有时候频率会更高。在会议上，我们会讨论集成问题，团队平衡问题，为下个sprint计划会议做准备，等等。我们为此分配了30分钟，但常常超时。其实也可以每天进行Scrum-of-Scrums，但我们一直没有时间尝试。

我们的Scrum-of-Scrums议程安排如下。

1. 每个人围着桌子坐好，描述一下上周各自的团队都完成了什么事情，这周计划完成什么事情，遇到了什么障碍。

2. 其他需要讨论的跨团队的问题，例如集成。

Scrum-of-Scrums的议程对我而言无关紧要，关键在于你要定期召开Scrum-of-Scrums会议。

团体层次的Scrum-of-Scrums

我们把这个会议称为“脉动”。我们试过多种形式，参与者也多种多样。后来就放弃了整个概念，换成了每周的全体（嗯，所有参与开发的人）会议。时长15分钟。

什么？15分钟？全体参加？每一个产品所包括的全部团队中的所有人都会参加？这能行么？

是的，能行。只要你（或是其他主持会议的人）严格限定会议的时间不要过长。

会议的形式如下。

1. 主管介绍最新情况，例如即将发生的事件信息。

2. 大循环。每个产品组都有一个人汇报他们上周完成的工作、这周计划完成的工作以及碰到的问题。其他人也要做报告，如配置管理领导和QA领导等。

3. 其他人都可以自由补充任何信息，或者提出问题。

这是一个发布概要信息的论坛，而不是提供讨论或者反映问题的场所。只要保证这一点，15分钟通常就够了。有时我们也会超时，但极少占用30分钟以上的时间。如果出现热烈的讨论，我就会打断它，请感兴趣的人在会后留下继续讨论。

为什么我们要进行全体的脉动会议呢？因为我们发现团体层次上的Scrum-of-Scrums主要以报告形式进行，很少出现真正的讨论。另外，在这个圈子以外，有许多人都对这种信息非常感兴趣。基本上大家都想知道其他团队在做些什么。所以我们想：“既然已经打算聚到一起花时间告诉彼此每个团队都在干什么，那为什么不让所有人都参加呢？”

交错的每日例会

如果有太多的Scrum团队参与单个产品的开发，而且他们都在同一时刻进行每日例会，那你就遇到问题了。产品负责人（以及像我一样爱管闲事的家伙）因此每天只能参加一个团队的每日例会。

所以，我们要求团队避免在同一时刻进行每日例会。

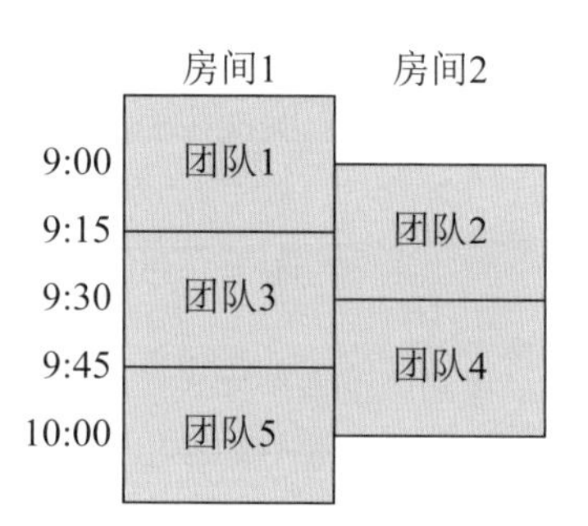

上面的例子中，我们是这样安排的：每日例会不在团队房间中进行，而是安排在不同的房间。每个会议大约15分钟，但是每个团队在房间中都可以使用30分钟的时间，以防他们稍稍超出一点儿时间。

这种做法超级有效，原因有二。

1. 像产品负责人和我这样的人可以在一个早上参加所有的例会。想清楚了解到当前的sprint进展状况，有什么严重的风险，这是最好的方式。

2. 团队成员可以参加其他团队的例会。这种情况不常发生，不过有时两个团队会在相似的环境下工作，所以会有几个人参加彼此的例会来保持同步。

缺点是减少了团队的自由度——他们无法选择他们自己喜欢的时间开例会。不过这一直不是我们的问题。

救火团队

曾经有那么一次，在一个大型产品的开发过程中，我们实施不了Scrum，因为团队成员花了太多时间来救火——拼命忙着修复早期版本中的bug。这是个恶性循环，影响很坏，他们花了太多时间救火，最后根本没有时间进行前瞻性的工作来防火，比如改进设计、自动化测试、创建监控工具与警报工具等。

我们创建了一个专门的救火团队，一个专门的Scrum团队，从而解决了这个问题。

这个Scrum团队的工作是（带着产品负责人的祝愿）稳定系统，有效防火。

救火团队（实际上我们管他们叫“支持团队”）有两项工作。

1. 救火。

2. 保护Scrum团队远离各种干扰，包括挡开那些不知从何而来的增加临时特性的要求。

救火团队安排在离门最近的地方，Scrum团队坐在房间的最里面。所以救火团队可以真正从物理上保护Scrum团队，使他们避免受到急切的销售人员或者怒气冲冲的客户的干扰。

两个团队中都有高级工程师，这样一个团队就不会过于依赖另一个团队的核心人员。

这实际上也是对解决Scrum自行启动问题的一种尝试。如果团队的工作计划总是只能安排一天之内的工作，那我们怎么开始做Scrum呢？就像上面所讲述的那样，我们的策略是分割团队。

这种方式效果很好。因为Scrum团队有了空间努力工作，所以他们最后能够稳定系统。同时救火队员也完全放弃了预先计划的想法，他们完全是针对外部反应展开工作，只管修复即将出现的下一个问题。

当然，Scrum团队也不是完全远离干扰。救火团队常常需要Scrum团队中核心人员的帮助，在最糟糕的状况下，甚至会需要整个团队。

但无论如何，经过几个月以后，这个系统达到了足够稳定的状态，然后我们解散了救火团队，另外创建了一个新的Scrum团队。救火队员们很高兴地把已经磨损的头盔放到一边，加入到Scrum团队中。

是否拆分产品backlog

假设你有一个产品和两个Scrum团队，那应该有几个产品backlog呢？多少个产品负责人？我们曾经为此评估过三个模型。选择不同，sprint计划会议的形式就会有很大差异。

策略1：一个产品负责人，一个backlog

这就是“只能有一个”的模型，也是我们最推崇的模型。

这种模型的优点是：你可以让团队根据产品负责人当前的优先级来自行管理。产品负责人关注他所需要的东西，团队决定怎么分割工作。

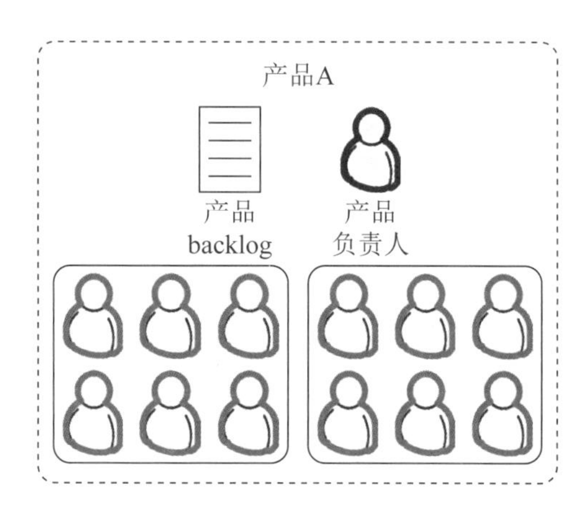

说得更具体一些，我们来看看这个团队sprint计划会议的举行方式：sprint计划会议在一个外部的会议中心举行。

在会议开始之前，产品负责人指定一面墙壁用作“产品backlog墙”，把故事贴在上面（以索引卡的形式），按相对优先级的顺序排序。他不断往上面贴故事，直到贴满为止。他贴上去的东西通常都多于一个sprint中所能完成的条目。

每个Scrum团队各自选择墙上的一块空白区域，贴上自己团队的名字。那就是他们的“团队墙”。然后他们从最高优先级的故事开始，从产品backlog墙上把故事逐一挪到他们自己的团队墙上。

这个过程可以用下图来描述，图中的箭头表示故事卡从产品backlog墙移动到团队墙的过程。

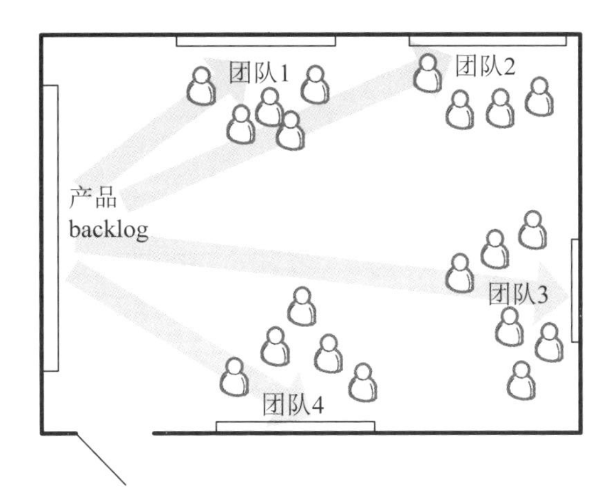

在会议进行中，产品负责人与团队会针对索引卡进行讨论、把它们在团队之间移动、上下挪动以调整优先级、把它们拆分成更小的条目，等等。过上大概一小时左右，每个团队就会在自己的团队墙上形成一个sprint backlog的初步候选版本。然后团队便会独立工作，进行时间估算，把故事拆分成任务。

整个过程显得特别嘈杂混乱，令人筋疲力尽，但同样也效果很好，很有趣，也是个社会交往的过程。到结束时，所有团队通常都会得到足够的信息来启动他们的sprint。

策略2：一个产品负责人，多个backlog

在这种策略中，产品负责人会维护多个产品backlog，每个团队对应一个。我们没有真正试过这种方式，不过差点儿就这么做了。这是我们的后备方案，以防第一种策略失败。

它的劣势在于，产品负责人要把故事分配给团队，而这项工作交给团队自己处理，效果会更好。

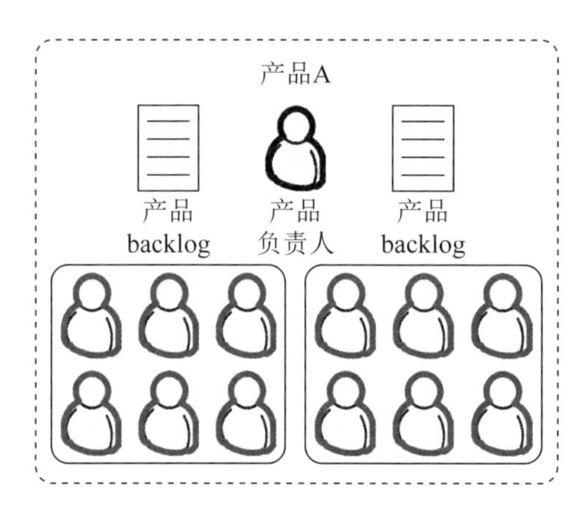

策略3：多个产品负责人，每人一个产品backlog

它跟第二个策略有点像，每个团队都有一个产品backlog，但每个团队也都有一个产品负责人！

我们没有用过这种方式，也许永远也不会用。

如果两个产品backlog都对应同一个代码库，那两个产品负责人可能会发生严重的利害冲突。

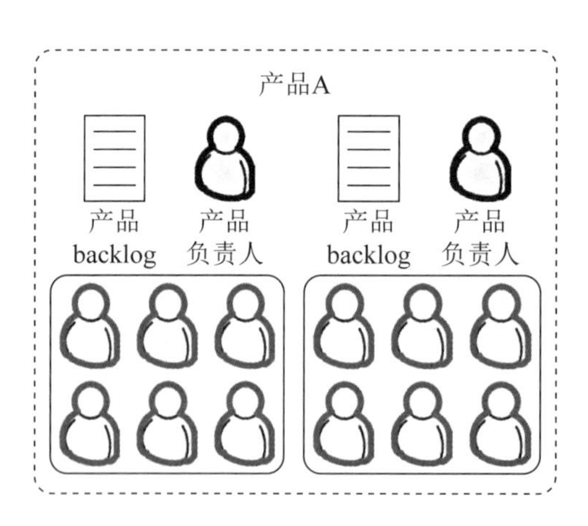

如果两个产品backlog所对应代码库不同，那这样做，就跟把整个产品分成不同的子产品然后独立运作毫无二致。也就表示着我们回到了每个团队一个产品的情况，这样处理起来既愉快又轻松。

代码分支

有多个团队在同一个代码库基础上工作，我们就势必会碰到SCM（软件配置管理）系统中的代码分支问题。现在已经有很多关于处理多人协同工作问题的书和论文了；所以我这里也就不再谈什么细节。我也没有什么新东西或者革命性的观点，下面会总结一下我们团队到目前为止学到的最重要的一些经验。

- 主线（或者主干）的状态要严格保持一致：最起码所有的东西都要能够进行编译，所有的单元测试都可以通过。每时每刻都能创建一个可以工作的发布版本。如果可以做到持续构建系统在每晚进行构建，并把结果自动部署到测试环境中就更好了。

- 给每个版本打上标记（tag）。无论什么时候，只要是为验收测试进行发布，或是发布到产品环境，在主线中就应该进行版本标记，用来精确标识所发布的内容。这便意味着在将来的任一时刻，你都可以回退到某个历史版本中，创建一个维护分支。

- 只在必需的时候创建分支。这里有一条很好的规则：如果你无法在不违反现有代码基线策略的情况下使用该代码基线，那么只有在这种情况下，才能创建新的代码基线。如果摸不准是什么情况，那就不要创建分支。为什么？因为每个活动分支都会增加复杂性，提高管理成本。

- 将分支主要用于分离不同的生命周期。无论你是否决定让每个团队在他们自己的代码基线上进行编码，如果你打算在同一个代码基线上将短期的修复版与长时间的变化进行合并，到时候就会发现：要发布这个短期的修复版绝非易事！

- 经常同步。如果你在分支上工作，那么只要有了一些代码可以构建，就应该与主线进行同步。在每天的编码工作开始之前，都把代码从主线同步到分支上，这样你的分支就可以与其他团队所做出的变化保持更新。如果会产生让你觉得生不如死的合并情况，那也只能接受这种现实，因为等下去的结果只会更糟。

多团队回顾

如果有多个团队开发同一个产品，我们怎样做sprint回顾呢？

在sprint演示结束以后，大家鼓掌、相拥，然后每个团队立刻回到自己的房间，或者办公室之外的某个舒适场所。他们各自的回顾方式与我在第10章“我们怎样做sprint回顾”中描述的情况并没什么不同。

在sprint计划会议上（因为我们在同一个产品中使用的是同步的sprint，所以所有团队均会参加），第一件事情就是让每个团队找出一个发言人，站起来总结他们回顾中得出的关键点。每个团队都有5分钟的时间。然后我们会进行大约10到20分钟的开放讨论。之后稍作休整，开始真正的sprint计划。

我们没有试过其他方式，这样已经足够了。不过最大的缺点就是在回顾之后、计划会议之前没有休整时间（参见第11章“不同sprint之间的休整时刻”）。

对于单个团队的产品，我们就不会在sprint计划会议上对回顾进行总结了。因为这没有必要，每个人都参与了真正的回顾会议。

第16章

我们怎样管理分布式团队

- 离岸
- 在家工作的团队成员

如果团队成员处于不同地理位置该怎么办？Scrum和XP的大部分“魔力”要想发挥作用，团队的成员最好身处同地紧密协作，可以结对编程，而且能做到天天面对面。

我们有一些分散的团队，也有些团队成员经常在家里工作。

我们的策略很简单：就是想尽办法来把物理位置上分散的团队成员之间的沟通带宽增至最大。我不只是说每秒传递多少兆字节（当然这也很重要），还包括含义更广的沟通带宽。

- 能够一起结对编程。
- 能够在每日例会上面对面交流。
- 在任何时候都能够面对面讨论。
- 可以真正地碰面与交往。
- 整个团队可以主动举行会议。
- 团队对sprint backlog、sprint燃尽图、产品backlog和其他信息传递设施有相同的理解。

我们还采取过下面这些措施（或者是正在试着实施，到现在还没有全都用到过）。

- 每一台工作站前面都配备网络摄像头和耳麦。

- 可以远程通话的会议室，带有网络摄像头、会议用麦克风、随时可用的计算机和桌面共享软件等等。
- “远程窗口”。每个地方都有大屏幕，显示其他地点的固定画面。就像两个公寓之间的虚拟窗口一样。你可以看到谁坐在座位前，谁在跟谁说话。这可以增强“我们是在一起工作”的感觉。
- 交换程序。来自每一个地方的人按照某个规律交叉访问。

通过类似技术以及更多手段，我们可以慢慢掌握到，如何在地理分布的团队之间开展sprint计划会议、演示、回顾和每日scrum会议等。

和其他规律一样，这也是通过不断的实验总结出来的。观察 =>调整=>观察=>调整=>观察=>调整=>观察 =>调整=>检查 =>调整。

离岸

我们也有一些离岸团队，并且尝试过如何用Scrum来提高协作效率。

离岸的方式主要分为两种：分散的团队和分散的团队成员。

分散的团队

分散的团队成员

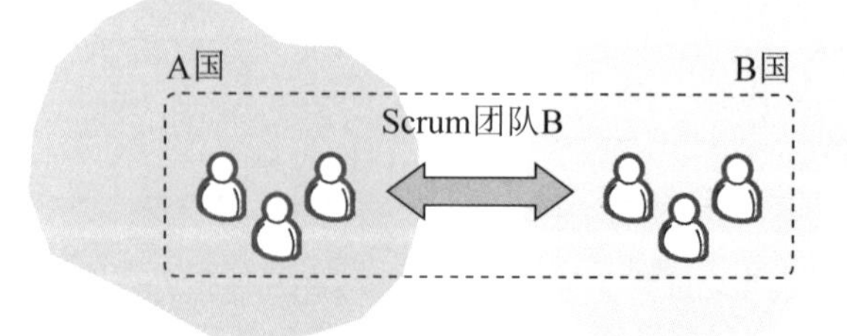

第一种方式是无奈之下的选择。不过我们还是先以第二种方式开始离岸开发的。原因如下。

1. 我们希望团队成员可以对彼此有很好的了解。

2. 我们希望在两地之间能够有良好的沟通基础，也想让团队有强烈的愿望来把基础打好。

3. 在刚开始的时候，离岸团队比较小，没法自己组成一个有效的Scrum团队。

4. 在独立离岸团队可以正常运作之前，我们要有一段紧张忙碌的信息共享时期。

从长期来看，我们也许会顺利过渡到“分散的团队”这种方式上去。

在家工作的团队成员

在家工作有时候效果很好。有时，你在办公室里一星期也干不完的工作，在家里一天就搞定了。只要你没有孩子的话。:o）

不过，团队应该处在相同的物理位置是Scrum的基本原则之一。那我们是怎么做的呢？

通常我们让团队自己决定在家工作的时间和频率。有些团队成员因为家和办公室的距离太远，所以常常在家工作。不过我们还是鼓励团队在“大多数”时间尽量聚在一起。

在家工作时，他们会通过Skype语音通话来参加每日Scrum会议。他们整天都保持在线，可以进行实时通信。虽然比起在同一个房间里还是有差距，但这也不错了。

我们曾经试过把星期三作为聚焦日。这表示“如果你想在家工作，这没问题，不过只能在星期三，而且要得到团队许可。”这种做法很有效。大多数人通常都会在星期三待在家里，完成大量工作，同时还能协作得很好。因为这只有一天，所以团队成员不会长时间脱线不同步。不过由于某些原因，这种做法从来都没有在其他团队中流行起来。

总的来说，团队成员在家工作，对我们而言基本上没有问题。

第17章

Scrum Master检查清单

- sprint开始阶段
- 每一天
- 在sprint结束时

在最后这一章，我会展示一下我们的Scrum Master检查清单。它列出了我们Scrum Master日常执行的常用管理事务。这些都很容易被人们忘记。有些很显而易见的事情我们就略过不提了，比如“消除团队的障碍”。

sprint开始阶段

- sprint计划会议之后，创建sprint信息页面。
    - □ 在维基上创建从dashboard指向所创建页面的链接。
    - □ 把页面打印出来，贴在通过团队工作区域之外的墙上，让路过的人都可以看到。
- 给每个人发邮件，宣告新的sprint已经启动。邮件中要包括sprint目标和指向sprint信息页面的链接。
- 更新sprint数据文档。加入估算生产率、团队大小和sprint长度等。

每一天

- 确保每日Scrum会议可以按时开始和结束。
- 为了保证sprint可以如期完成，需要适当地增删故事。
  - 确保产品负责人了解这些变化。
- 确保团队可以及时得知sprint backlog和燃尽图的最新状况。
- 确保存在的问题和障碍都能被解决，并报告给产品负责人以及（或者）开发主管。

在sprint结束时

- 进行开放式的sprint演示。
- 在演示开始前一两天，务必通知到每个人。
- 与整个团队以及产品负责人一起开sprint回顾会议。开发主管也应该受邀参加，他可以把你们的经验教训进行大范围传播。
- 更新sprint数据文档。加入实际生产率和回顾会议中总结出的关键点。

第18章 小结

喔！真没想过这本书会写到这么长。

无论你是初涉Scrum，还是“老司机”，希望它都能带给你一些有用的想法。

因为Scrum必须针对每一种不同的环境来进行具体实施，所以很难站在通用的角度上讨论何谓最佳实践。不过无论如何，我都希望能够听到你的反馈。告诉我你的做法和我有什么区别。告诉我如何改进！

可以通过henrik.kniberg@crisp.se联系我。我同时也会常常关注scrumdevelopment@yahoogroups.com。

如果你喜欢这本书，也许会对我的博客感兴趣。我也会在上面写一些有关Java和敏捷开发的话题：

http://blog.crisp.se/henrikkniberg/

哦，最后请不要忘记……

这只是一份工作而已，不是么？

推荐阅读

我的许多灵感与思想都来自下面这些书，强烈推荐！

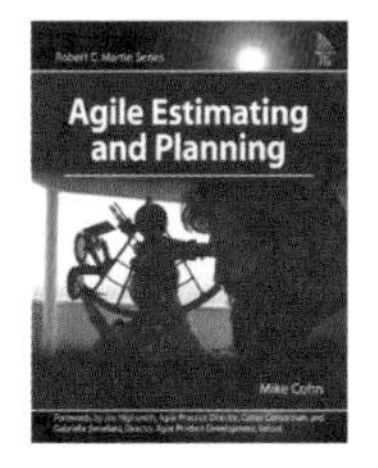

中文版《敏捷估算与规划》
金明译

中文版《软件随想录》
阮一峰 译

中文版《精益软件开发》
王海鹏 译

中文版《敏捷软件开发工具》
朱崇高 译

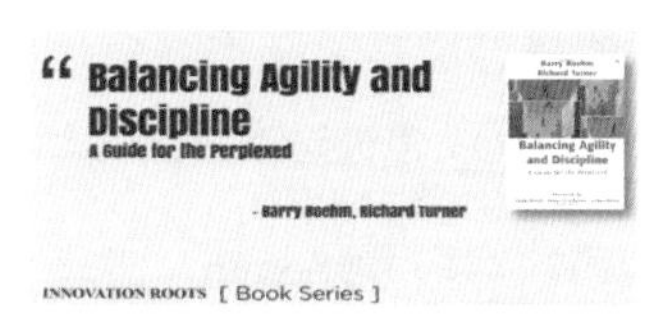

中文版《平衡敏捷与规范》
邓辉&孙鸣 译

致敬Mike Beedle
（2018年在车祸事故中
不幸离世）

中文版《Scrum敏捷项目管理》
李国彪 译

中文版《人月神话》
汪颖 译

中文版《解析极限编程》
雷剑文，李应樵，陈振冲 译

中文版《人件》
肖然，张逸，滕云 译

第 II 部分

相得益彰的Scrum与Kanban

我们一般不写书。我们更喜欢把时间花在战场上，对客户的开发过程和组织进行优化、调试和重构。但最近留意到一个很明显的趋势，觉得有必要写一点东西了。给你看一个典型案例。

吉姆：“我们已经搞完Scrum了！”

雷德：“效果怎么样？”

弗雷德：“跟原先比起来好很多啊……”

弗雷德：“嗯，但是呢？”

吉姆：“但是你也知道，我们是一个支持维护团队。”

弗雷德：“嗯，接着说。”

吉姆：“唔，我们喜欢这些东西，像在产品backlog里面排优先级啊，自组织团队啊，每日站会啊，回顾啊，等等……”

弗雷德：“那问题在哪儿呢？”

吉姆：“我们的sprint一直没搞成。”

弗雷德：“为什么呢？”

吉姆：“因为我们很难承诺出2周的计划。迭代对我们来说没有太大意义，我们得看今天啥活最急就干啥。是不是我们的迭代得改成1周哇？”

弗雷德：“你能承诺1周的工作吗？你能全神贯注地、安静地工作1周么？”

吉姆："恐怕不能，我们每天都有问题过来。也许得搞1天的sprint……"

弗雷德："你们的问题在1天里面能解决么？"

吉姆："不能，一般都得好几天。"

弗雷德："所以1天的sprint也不行啊。你考虑过完全放弃sprint么？"

吉姆："不瞒你说哈，我们还真的挺想的。不就是担心跟Scrum冲突么。"

弗雷德："Scrum只是个工具。你可以选择什么时候用，什么时候不用。你呀，别成了工具的奴隶！"

吉姆："那你说我们该咋办？"

弗雷德："你听说过Kanban吗？"

吉姆："那是啥东东？它跟Scrum有什么区别？"

弗雷德："给，看看这本书吧！"

吉姆："不过我倒是真的很喜欢Scrum的其他部分，我现在就得换成Kanban吗？"

弗雷德："不用，你可以混着用。"

吉姆："真的假的？咋整？讲讲呗！"

弗雷德："接着看吧……"

我们的目的

如果你对敏捷软件开发感兴趣，那差不多应该听过Scrum了，也许还听过Kanban。我们最近越来越频繁地听到这种问题："什么是Kanban，它跟Scrum比起来怎么样？"它们各自有哪些互补优势？会不会有潜在的冲突？

我们的目的就是帮你澄清迷雾，让你在具体环境中给Kanban和Scrum找到合适的位置。

如果你觉得有收获，请告诉我们！

第19章

Scrum对比Kanban

首先从实践角度出发，力求对Scrum和Kanban做出客观的对比。它实际上是对2009年4月发表的“Kanban vs. Scrum”一文做的升级。那篇文章很受欢迎，所以我决定增补，邀请同事马蒂斯加入一位客户的硝烟中的故事作为案例分析。这部分特别有料！你大可以跳过前面我的那部分内容，直接从实战复盘开始阅读，我不会伤心难过的。唔，也许会有一点点。

/亨里克·克里伯格（Henrik Kniberg）

究竟什么是Scrum？什么是Kanban

先分别用两百字的篇幅总结一下Scrum和Kanban吧。

Scrum简述

- 把组织拆分成小规模的、跨功能的自组织团队。

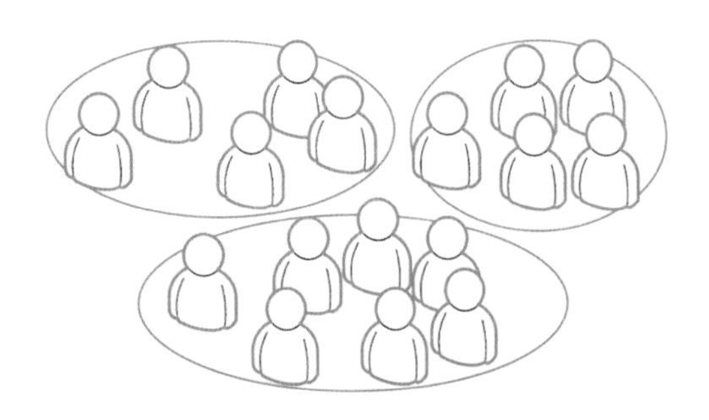

■ 把工作拆分成一系列小而具体的交付物。按优先级排序，估算每项任务的相对工作量。

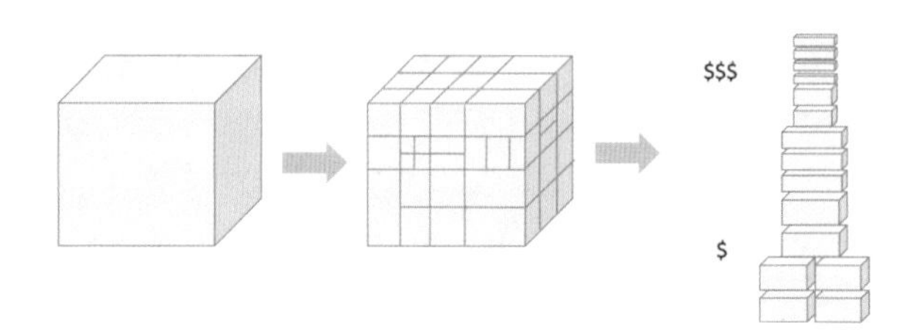

■ 把时间拆分成固定大小的短迭代（通常为1~4周），在每个迭代结束时对基本可以交付的代码进行演示。

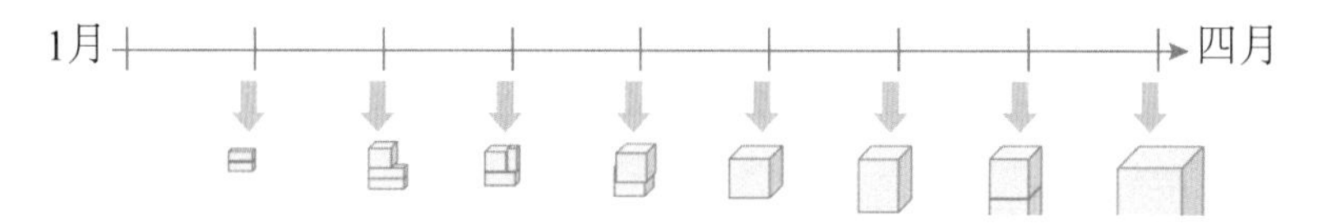

■ 在每个迭代结束后跟客户一起检查发布目标并据此优化发布计划，更新任务优先级。

■ 每个迭代结束后进行回顾，进行过程优化。

我们不是靠一个庞大的团队，花大量时间造出庞然大物；而是用小团队在短时间内做出小块的东西，在有规律的集成中组装出全貌。

200多个字……差不多行了。

更多细节可以参考本书第1部分（英文版）有免费的在线版本[1]。我认识它的作者，他是个好人:o)第 I 部分 http://www.crisp.se/ScrumAndXpFromTheTrenches.html。

在http://www.crisp.se/scrum上面还有更多Scrum相关的链接。

Kanban简述

■ 将流程可视化

 □ 把工作拆分成小块，一张卡片写一件任务，再把卡片放到墙上。

 □ 每一列都起一个名字，显示每件任务在流程中处于什么位置。

---

① 译注：该书也有中文电子版免费下载，请参见下述链接：http://www.infoq.com/cn/minibooks/scrum-xp-from-the-trenches，我认识这本书的译者，他也是个好人^_^）

- 限制WIP（在制品，work in progress）——明确限制流程中每个状态上最多同时进行的任务数。
- 度量生产周期（完成一件任务的平均时间，又称“循环周期”），对流程进行调优，尽可能缩短生产周期，并使其可预测。

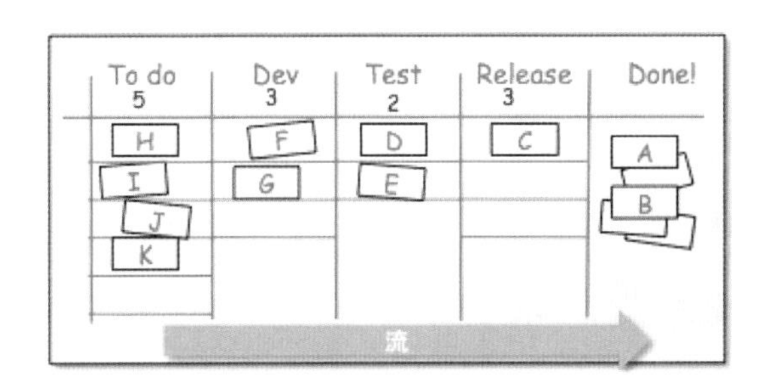

我们收集了一些跟Kanban相关的链接，很有用。它们放在 http://www.crisp.se/kanban。

Scrum和Kanban有什么关系

Scrum和Kanban都是过程工具

工具=用于完成任务或达成目的的任何东西

过程=工作方式

Scrum和Kanban都是过程工具，它们讲的是做哪些事情能够在一定程度上帮助你提高工作效率。Java也是工具，它让编程更加简单。牙刷也是工具，它让你够得到牙齿，方便清洁。

比较是为了更好地理解，而不是评判优劣

刀和叉，哪样更好？

这个问题很没意思，不是么？上下文不一样，答案也就不一样。吃肉丸最好用叉子；切蘑菇最好用刀子；敲桌子用哪个都行；吃牛排就得同时上阵；吃米饭的话……唔……有人喜欢用叉子，有人就更喜欢用筷子。

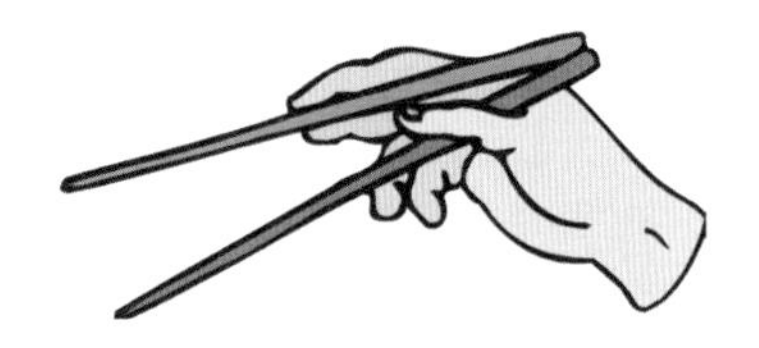

所以，在比较工具的时候得谨慎一些。比较是为了更好地理解，而不是评判优劣。

工具都不是全面的，也都不是完美的

跟所有的工具一样，Scrum和Kanban既不完美，也不全面。它们没有把需要做的事情全都告诉你，只是给了一些明确的约束和指导。比如说，Scrum的约束是固定时长的迭代和跨功能团队，Kanban的约束是要有可见的板，队列大小要有限制。

有意思的是，工具的价值恰恰在于它限制了你的选择。如果有一款过程工具，让你什么事情都能做，那它就没多大用了。我们管这种工具叫“做啥都行”，或者美其名曰“做正确的事”。“做正确的事”这个过程肯定管用。它就是银弹！要是没生效，那肯定是因为你没有按照这个过程整。:o)

使用恰当的工具可以帮助你成功，但不能确保成功。人们很容易把项目成败跟工具成败混为一谈。

- 有一款伟大的工具，项目可能成功。
- 有一款差劲的工具，项目可能成功。
- 有一款差劲的工具，项目可能失败。
- 有一款伟大的工具，项目可能失败。

Scrum比Kanban更规范

我们可以从每个工具都有哪些规则的角度来进行比较。规范性指的是“要遵守更多的规则”，适应性指的是“要遵守的规则较少”。在100%规范性的情况下，你就根本不用动脑子了，不管做什么事情都按规则行事；而100%的适应性就意味着做什么都行，没有任何规则约束。你肯定能看出来，这两种极端都是很荒谬的。

敏捷方法有时被称作轻量级方法，主要原因就在于它们不如传统方法那么规范。敏捷宣言的第一条就是“个体和交互高于过程和工具”。

Scrum和Kanban都是适应性很强的，但相对而言，Scrum更规范一些。Scrum多了些约束，少了些选择。比如Scrum要求使用有固定时长的迭代，但Kanban没有。

下面从规范性和适应性的角度来比较一些工具。

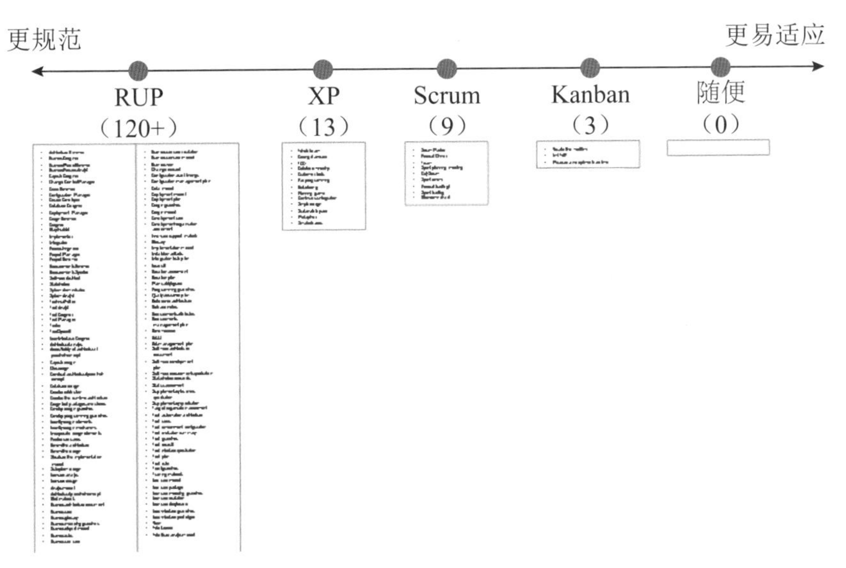

RUP的规范性相当强，它有30多种角色，20多种活动，70多种工件；需要学习的东西不胜枚举。当然，你肯定不会全都用上，为自己的项目选一个合适的子集就行了。但不幸的是，操作起来可是颇有难度。“唔，我们会需要配置审计决定这个工件么？我们会需要变更控制经理的角色么？还定不下来啊，最好还是先留着吧。”这可能就是为什么RUP比起敏捷方法来——例如Scrum和XP——用到最后往往令人不堪重负了。

XP（极限编程）比Scrum又规范一些。它囊括了Scrum的大部分内容，还多了很多相当具体的工程实践，例如测试驱动开发和结对编程。

Scrum的规范性比XP弱，因为它没有规定任何具体的工程实践。但它又比Kanban规范，因为它规定了迭代和跨功能团队之类的东西。

Scrum和RUP的主要区别在于，RUP给你的东西太多了，你得自行去掉不需要的东西；而Scrum给你的东西太少了，你得自行加入需要的东西。

Kanban对任何做法都是几乎开放的。它仅有的约束就是将流程可视化和限制在制品。它离“做什么都行”只有几步之遥，但仍然有着令人惊异的力量。

别把自己绑在一种工具上！

工具搭配着用，用在合适的地方！我无法想象几乎不用XP的Scrum团队还能成功。很多Kanban团队也在做每日立会（Scrum实践）。有些Scrum团队也把backlog条目写成用例（RUP实践），还会限制队列大小（Kanban实践）。只要有用就行。

宫本武藏曾说过（17世纪的著名武士，以二刀流闻名于世）：“勿以器御心。”

不过我们还是要关注每样工具有哪些约束的。假如你在用Scrum，又决定不用固定时长的迭代（或是其他任何一款Scrum的要素），就不要说你在用Scrum了。Scrum本身已经足够浓缩了，如果你去掉一些东西，然后还叫它Scrum，那这个词就失去了意义，只会带来困扰。你可以给它起个别的名字，比如“Scrum衍生品”，或者“Scrum子集”，要不就“Scrum似是而非”也行。:o)

Scrum规定了角色

Scrum规定了三种角色：产品负责人（负责描绘产品愿景的定义优先级）、团队（实现产品）、Scrum Master（负责消除障碍和带领过程运作）。

Kanban没有规定任何角色。

这可不是说你不能或是不应该在Kanban里有产品负责人的角色。这只是说你不是非有不可。不管是用Kanban还是Scrum，都可以根据需要增加任意角色。

但是增加角色的时候得小心，要确保新增的角色能带来价值，而且不要跟其他方面有冲突。你觉得你真的需要项目经理么？在大项目里面也许挺好，因为这个人可以在多个团队和多个产品负责人之间进行协调。但在小团队里面这个角色也许就是浪费，甚至更糟，导致局部优化和微观管理。

Scrum和Kanban有一个共同的思路：“少就是多”。有疑虑的时候，先从少做起。

在后续章节中，我会用“产品负责人”这个词来表示能够给团队设置优先级的人，不管用的是什么过程。

Scrum规定了固定时长的迭代

固定时长的迭代是Scrum的基础。你可以选择迭代长度，但一般都会在一定时间内让迭代长度固定不变，继而形成节奏。

- 迭代伊始：综合考虑产品负责人定义的优先级和自己的生产率，团队从产品backlog里面挑选出一定数量的条目，创建迭代计划。
- 迭代进行中：团队全心投入所承诺的任务。迭代范围已固定。
- 迭代结尾：团队向相关干系人演示他们可以工作的代码，理想情况下，这些代码基本上是可以发布的（经过测试可以交付）。然后团队进行回顾，讨论如何改进过程。

所以，Scrum的迭代就是一段长度固定的单声部旋律，混合三种活动：计划、过程改进和（理想中的）发布。

Kanban没有规定固定时长的迭代。你可以选择什么时候做计划，什么时候改进过程，什么时候发布。你还可以选择是有规律的采取行动（如每周一发布），还是按实际需要进行（如有了有用的东西之后就发布）。

团队1（单声部）

“我们用了Scrum的迭代。”

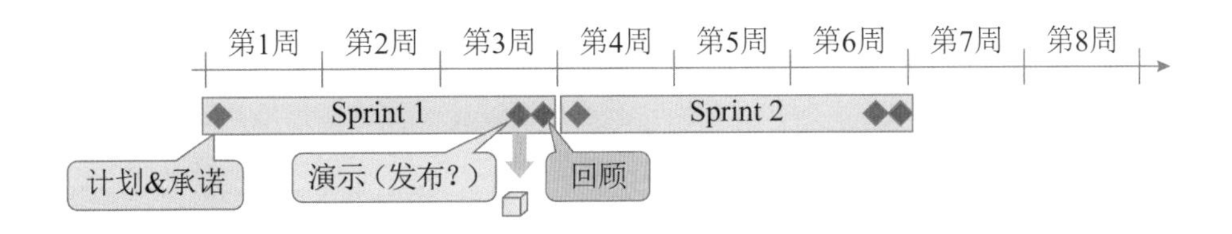

团队2（三声部）

“我们有三个声部。每周都把能发布的东西发布出去。每2周开一次计划会议，更新优先级和发布计划。每4周做一次回顾，调整改进过程。”

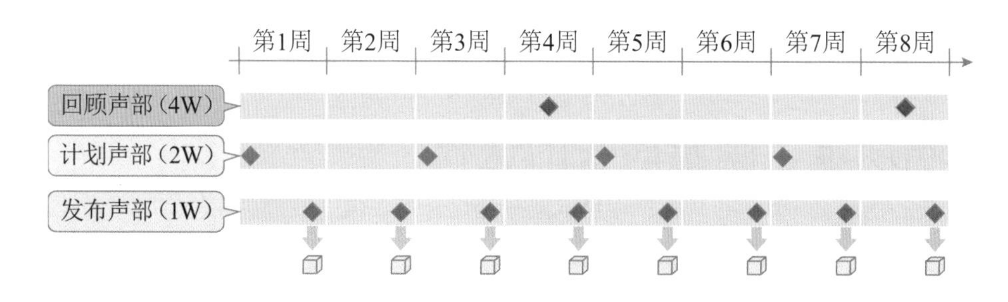

团队3（几乎是事件驱动）

“我们在快没事情做的时候开计划会议。有MMF（最小适销特性，minimum marketable feature）能发布的时候就发布。当我们第二次遭遇同样问题的时候就自发组建质量圈。每四周还进行更加深入的回顾。”

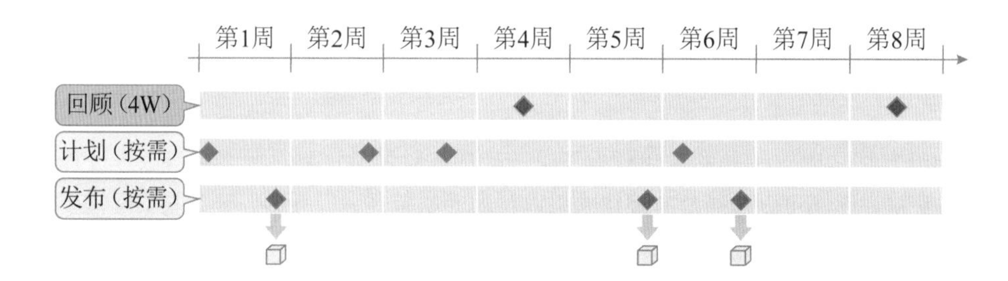

Kanban按流程状态限制WIP，Scrum按迭代限制WIP

Scrum的Sprint backlog显示了当前迭代（迭代也就是Scrum术语中的Sprint）要完成哪些任务。它们一般都用墙上的卡片展示，称作Scrum板（Scrum board）或是任务板（Task board）。

那Scrum板和Kanban图（Kanban board）有什么区别呢？用个简单的小项目比较一下。

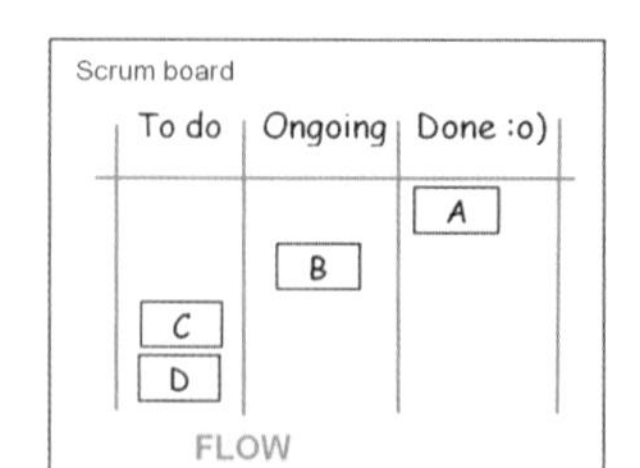

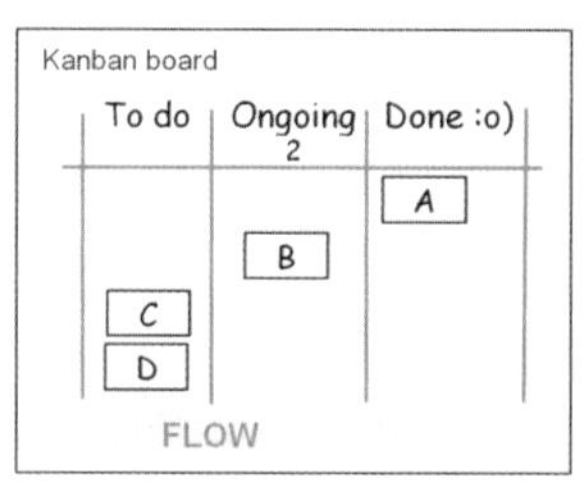

在两个案例中，我们都追踪了几项任务在流程中的进展。我们选了三个状态：To Do，Ongoing和Done。你自己想用什么状态都行，比如有的团队还增加了Integrate、Test和Release等状态。不过，这个时候不要忘了“少就是多”这个原则哦！

那这两块样板的区别是什么呢？喏——就是Kanban图中间那一列上的那个小字2啊。就是那点东西。2的意思是“不管什么时候，这一列上最多有两个任务。”

换成Scrum的话，团队大可以把所有东西都放到Ongoing那一列里面去！但因为迭代本身的范围是固定的，所以Scrum依然有个潜藏的限制。这里的潜在限制就是每列最多放4张卡，因为整个板上也就只有4张。Kanban直接限制了WIP，Scrum是间接限制的。

大多数Scrum团队最终都会意识到，有太多进行中的任务不是什么好事，然后慢慢形成文化，在做新东西之前先把现有的做完。有的甚至会决定明确限制Ongoing这一列里能放多少卡片——吼吼！——Scrum板就这样变成Kanban图了！

所以，Scrum和Kanban都是限制WIP的，只是方式不同。Scrum团队通常都要度量生产率——每个迭代能完成多少条任务（或是用相应的单位表示，如“故事点”）。一旦他们知道自己的生产率，这个数值就成了WIP的上限（或者至少是个参考值）。平均生产率是10的团队一般不会在一个Sprint里面放进超过10张卡（或故事点）。

Scrum的WIP按单位时间限制。

Kanban的WIP按流程状态限制。

在上面的Kanban图中，不管旋律有多长，在任何时间点上，Ongoing这个状态上最多只能有两张卡。你自己可以决定给哪个状态设置多大上限，但一般而言，整条价值流上所有的状态都要加上上限，开始点越早越好，结束点越晚越好。所以再看前面的例子，我们应该考虑把To Do（不管它叫什么，总之是输入队列的起点）也加上WIP上限。一旦WIP上限都设置完毕，我们就可以开始度量和预估生产周期——即一张卡片在图上从头移动到尾所用的平均时间。估好了生产周期，我们就能对SLA（服务品质协议，service level agreements）做出承诺，制定出合理的发布计划。

如果各项任务的规模差异很大，那可能就得考虑用故事点或是其他尺寸单位来定义WIP上限了。有些团队会花时间把任务都拆分得大小差不多，从而避免费心考虑用什么单位限制WIP，也减少了估算的时间（*你或许会认为估算也是浪费*）。任务大小相近，就更容易创建一个平滑流动的系统了。

两者都是经验主义的

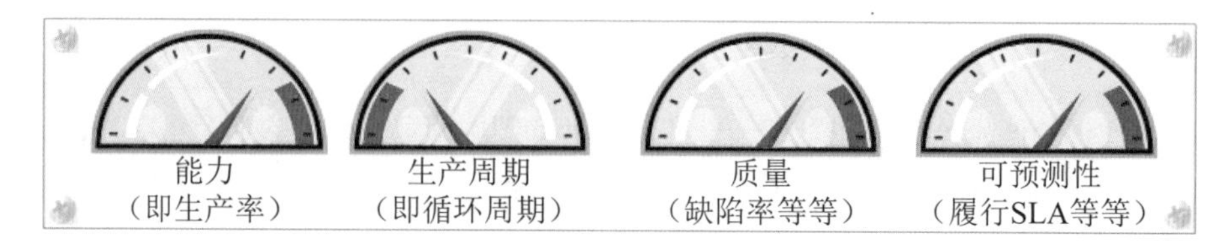

假如在这些仪表上有旋钮，拧一拧就能把过程配置好。“我想要高生产力，短生产周期，高质量，高预测性。我就把它们拧到10、1、10、10。”

这不是很美妙么？可惜这些能直接控制的东西真没有。至少我不知道哪里有。如果你知道的话请告诉我。

我们倒是有一些可以间接控制的东西。

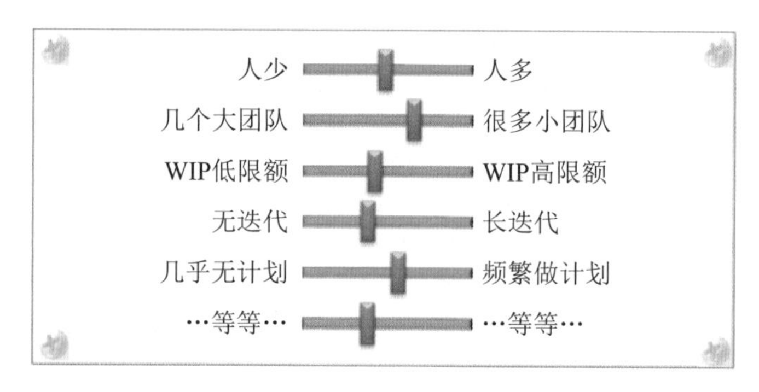

Scrum和Kanban都是经验主义的产物，你用的时候需要先进行试验，然后根据自己的环境作调整。实际上，你*必须*得先试验。Scrum和Kanban都没给出一切问题的答案，它们只是给了一些基本约束，以此驱动过程改进。

- Scrum说，你应该有跨功能团队。团队里面应该有什么人？不知道，自己试吧。
- Scrum说，团队选择Sprint里面放多少东西。到底要放多少东西？不知道，自己试吧。
- Kanban说，你应该限制WIP。到底上限是多少？不知道，自己试吧。

我前面提到过，Kanban的约束比Scrum少。这样一来，你就得要考虑更多因素，有更多旋钮要调。这种方式的利弊很难一句话说清楚，要看具体环境。假设你要配置一款软件工具，打开对话框以后，你希望看到3个选项还是100个选项？也许是在3～100之间的某个数吧。这得看你想要调整多少东西以及你对这个工具的熟悉程度。

我们猜想减少WIP上限可以改善过程，于是就这样做了。与此同时，也在观察生产率、生产周期、质量、可预测性等数据的变化。从观测结果中得出结论，再多做一些调整，于是我们的过程就在持续改进。

这种方式有很多叫法：改善（Kaizen，即持续改进，精益术语）；内省与调整（Inspect & Adapt，Scrum术语）；经验式过程控制（Empirical Process Control）；科学方法（The Scientific Method）。

它最核心的一点就是反馈环。改变 => 检查结果 => 从中学习 => 继续改变。一般而言，反馈环越短越好，这样可以快速调整过程。

Scrum的基本反馈环就是Sprint，跟XP（极限编程）合并的话就会再多几个，如下图所示。

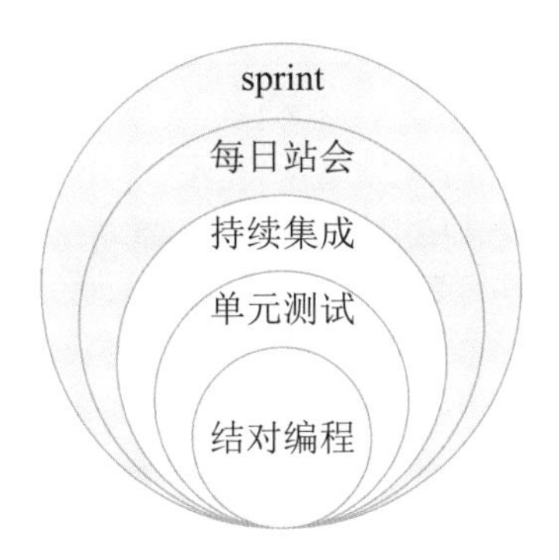

做法得当的话，Scrum+XP可以提供不少非常有用的反馈环。

最里面的反馈环——结对编程，它的反馈周期只有几秒钟。缺陷产生以后，分分秒秒就能被找到并解决（嘿，那个变量不应该是3么？）。这个反馈周期的意义是回答：我们做的结果正确么？

最外圈的反馈环——sprint，它的反馈周期有几周。它的意义是回答这一个问题：我们定的目标正确么？

那Kanban的反馈环在哪里呢？唔，首先一点，不管你用不用Kanban，你都可以（或者应该）把上面的反馈环全都用上。然后参考Kanban给你的几个很有用的实时度量指标。

- 平均生产周期。每次有任务到达Done这一列（不管它叫什么吧，反正是最右边那一列）的时候就更新数据。
- 瓶颈。典型症状就是X列里面堆满了卡片，但是X+1列里空空如也。找找板上哪里有“气泡”吧。

用实时度量指标的一个好处就是，你可以根据自己想要分析指标、调整过程的频率，来选择反馈环的长度。太长的反馈环会导致过程改进速度过缓。太短的反馈环会导致过程变化太快，没有时间稳定，白做无用功。

实际上，反馈环的长度本身也是需要实践调整的……这个过程可以称作反馈环的反馈环。好了，我还是打住吧。

示例：Kanban中的WIP上限试验

WIP上限是Kanban的典型调整点之一。我们怎么知道配置得好不好呢？

假设我们有一个4人团队，决定一开始把WIP限定为1。

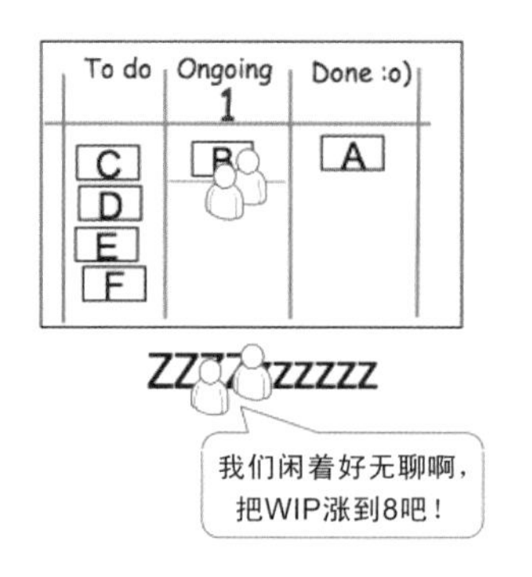

不管什么时候开始做一项任务，它做完之前都不能做新的。所以它很快就能完事。

这多好啊！但4个人都一拥而上做同一张卡片一般不太可行（在上面的例子里），所以就有人发呆了。如果这种情况只是偶尔发生还不碍事，要是常常出现的话，平均生产周期就会变长了。从根本上说，WIP设成1以后，任务在Ongoing状态只会停留不长时间，但它们会在To Do状态上大量阻塞，所以整个流程的总生产周期要比理想情况下长很多。

如果1太小的话，把WIP改成8怎么样？

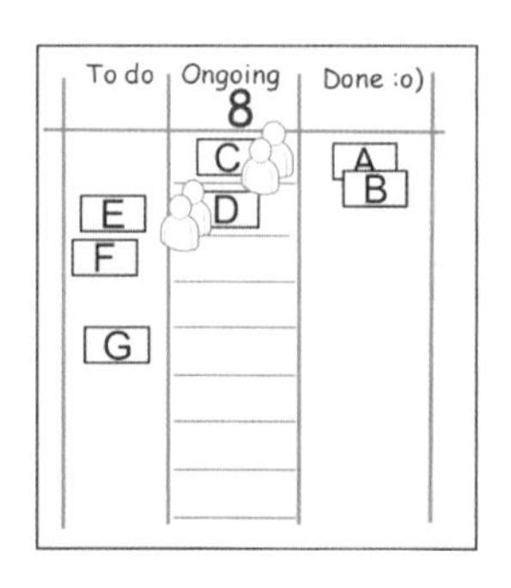

在一段时间内这还挺有效果的。我们发现结对工作的时候效率最高，所以4人团队的话，一般在任何时刻都有两个进行中的任务。8只是WIP的上限，实际没达到那么多也挺好！

但现在想象一下，如果我们的集成服务器出问题了，哪件事都没法彻底做完（我们的“完成”定义中包括了集成）。这种事是难免的，不是吗？

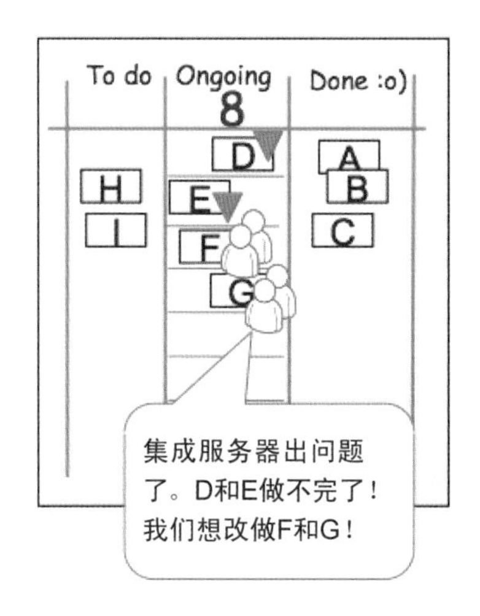

D和E完不了了，我们就改做F。但F也集成不了，就把G也拉进来一起做。搞来搞去，Kanban就到了上限——Ongoing里面挤了8张卡。

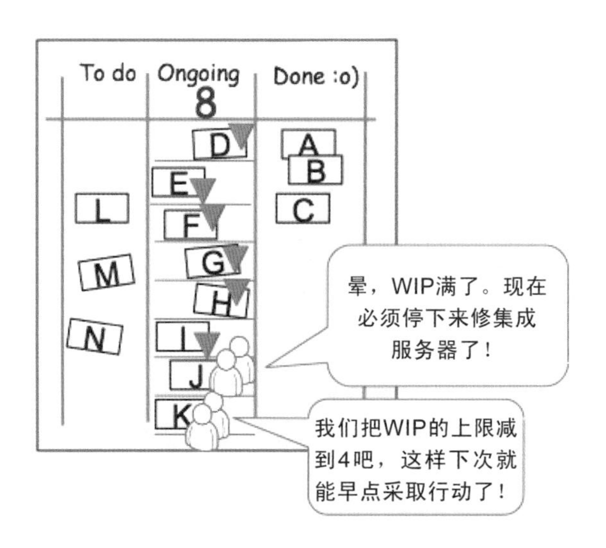

到了这份上，一张卡也拉不进来了。集成服务器不修不行了！WIP上限提醒我们要采取行动，改善瓶颈；而不是把没完成的工作堆啊堆啊堆啊堆个没完。

这样挺好。但要是WIP当初设成4的话，我们早就能有所反应了，这样平均生产周期还能表现得好点。所以这是要平衡的。我们度量平均生产周期，不断优化WIP上限，以此优化总生产周期。

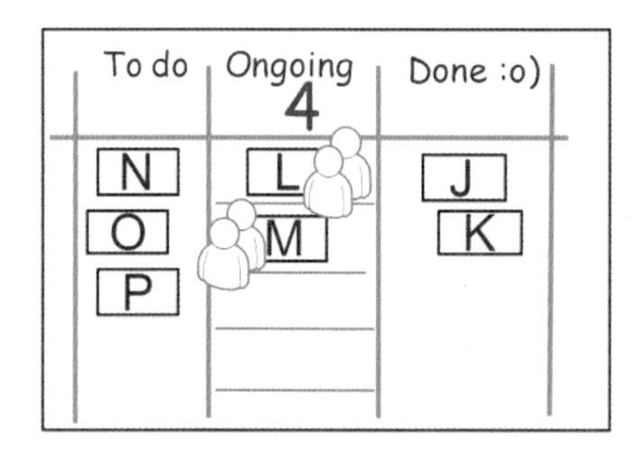

再过上一阵子，可能又会有卡片在To Do那里堆起来，这时候可能又需要增加WIP上限了。

我们到底为什么需要一个To Do呢？唔，要是不管什么时候团队去找客户问需求，客户都有空，那就不需要To Do了。但有时候客户没空，所以To Do这一列是给了团队一个小缓冲，让他们在这种时候能有东西拉过来做。

要尝试！或者换成Scrum的说法，自省与调整！

Scrum在迭代内拒绝变化

假设我们有一块这样的Scrum板。

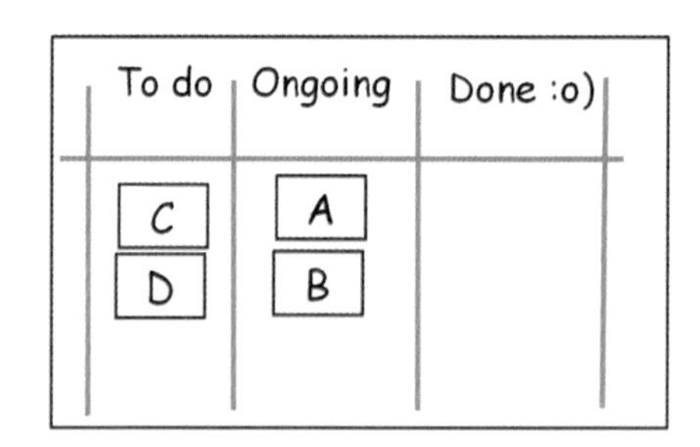

如果有人跑出来要把E放上去会怎么样？

Scrum团队一般会说："对不起，这样不行。我们已经承诺了这个sprint要做完A+B+C+D。不过你可以把它放到产品backlog里面。如果产品负责人觉得它优先级很高的话，我们会从下一个sprint开始做。"长度适中的sprint能够让团队有足够的时间全心全意把一些事情做完，而与此同时，产品负责人依然可以有规律地调整优先级。

要是换成Kanban团队，他们会怎么说？

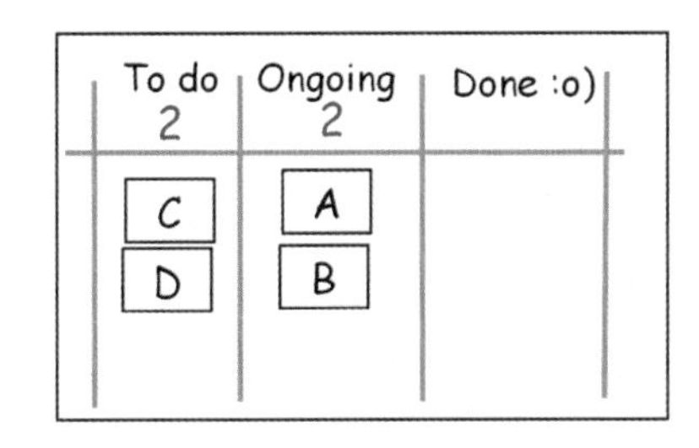

他们会说：“请把E放到To Do那一列上。但那一列的限额是2，所以你得把C或者D去掉。我们现在在做A和B，只要腾出手来，我们就会把To Do顶上的卡片拉过来做。”

Kanban的原则是“一件出去，一件进来”（由WIP驱动），所以Kanban团队的响应时间（多久才能响应优先级的变化）就等于他们要花多长时间才能把手头的事情做完。

Scrum的平均响应时间等于sprint长度的一半。

用Scrum的时候，产品负责人不能碰Scrum板，因为团队已经对迭代中要完成的一些具体任务做了承诺。而用Kanban的时候，你得自己规定哪些人能动板子。一般来讲，产品负责人可以操作的都是最左边的几列，比如To Do，Ready，Backlog，Proposed。至于这几列，他什么时候改都行。

但这两种方式不是互相排斥的。Scrum团队也可以允许产品负责人在sprint中期更改优先级（虽然这往往都会被当作异常情况）。Kanban团队也可以对修改优先级的时机做限制。Kanban团队甚至可以使用固定期限固定承诺的迭代，就跟Scrum那样。

Scrum板在迭代之间重置

在Sprint的不同时期，Scrum板通常有不同的样子，如下图所示。

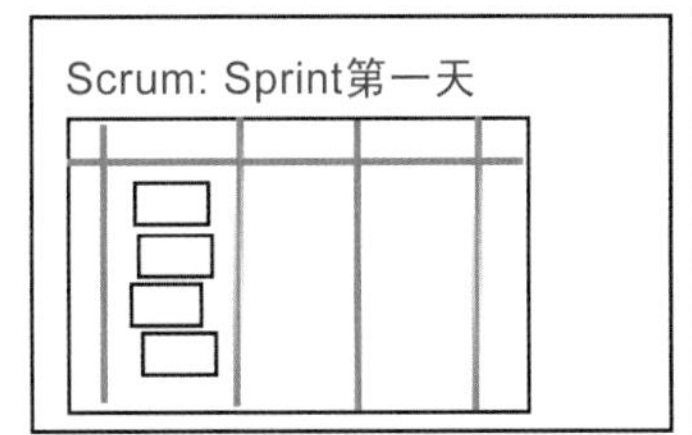

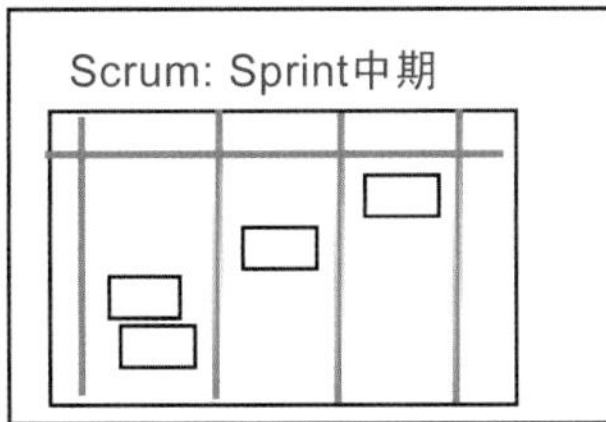

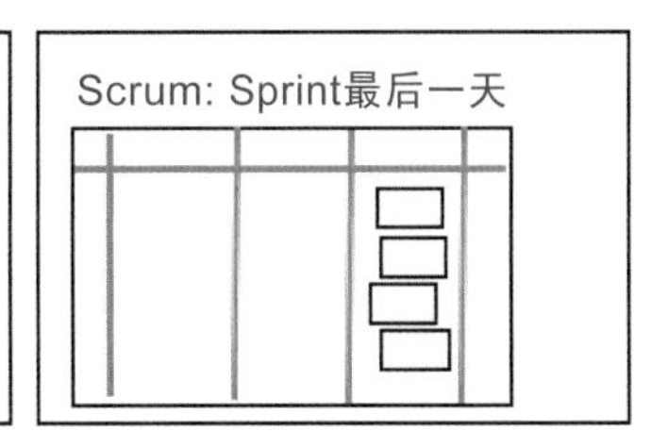

Sprint结束以后，板子就会进行清理——所有卡片全部去掉。等到新的Sprint开始，Sprint计划会议结束以后，我们就有了新的Scrum板，最左边的一列上也有了新卡片。从技术上讲这也是浪费，但是有经验的Scrum团队不会花太长时间在这上面，而且重置板子的过程会给人带来美妙的成就感和满足感。这就跟吃完饭刷锅碗瓢盆一样，过程很痛苦，但刷完以后，看着干干净净的碗碟就会心情舒畅。

Kanban图的样子几乎是一成不变的，你不需要把板子清理干净，重新开始。

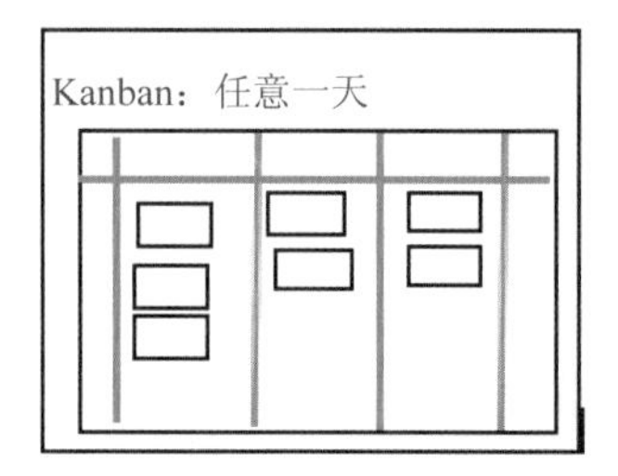

Scrum规定了跨功能团队

一个Scrum团队只有一块Scrum板。Scrum团队是跨功能的，要完成迭代全部任务所需的技能，这个团队要全都具备。Scrum板对所有感兴趣的人全都是可见的，但只有它的所属Scrum团队才能编辑，这是他们管理迭代承诺的工具。

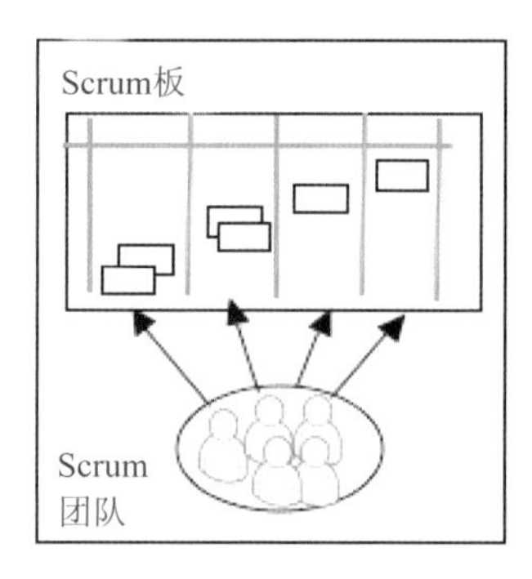

Kanban不强制要求跨功能团队，Kanban图也不是独归某个团队所有。Kanban图对应的是流程，不必非得是一个团队。

下图是两个例子。

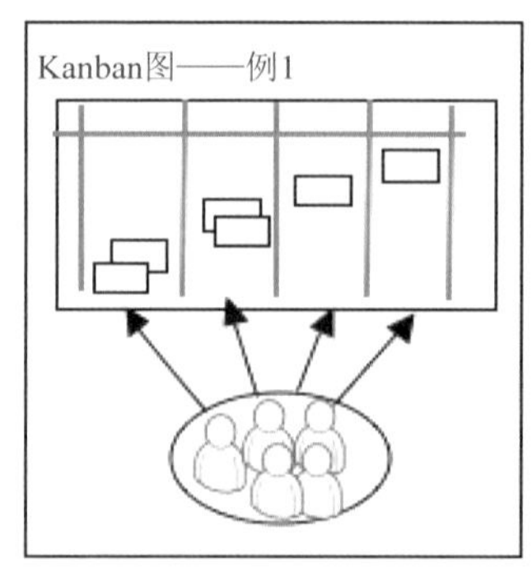

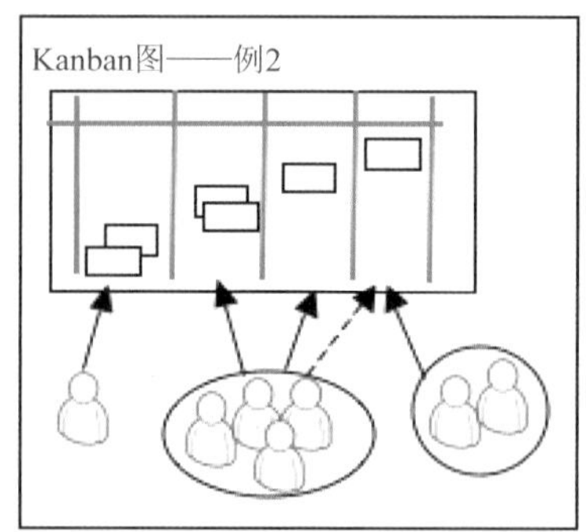

示例1：整块板子为一个跨功能团队使用。就跟Scrum一样。

示例2：产品负责人设置第一列的优先级。一个跨功能开发团队做开发（第二列）和测试（第三列）。有个专门的团队做发布（第四列）。他们的能力略有重叠，所以如果发布团队成了瓶颈，就可以让开发人员过去帮忙。

所以，用Kanban的时候，你需要建立一些基准，规定哪些人可以用Kanban，怎么用Kanban，用这些基准进行试验，优化流程。

Scrum的backlog条目必须能跟sprint搭配得上

Scrum和Kanban都以增量开发为基础，即将工作拆分成小块。

Scrum团队只会承诺他们认为能在一个迭代里面做完（基于他们对“完成”的定义）的任务。如果任务太大了，一个sprint放不下，团队跟产品负责人就会寻找方法拆分，直到能放下为止。如果任务都比较大，迭代就会较长（虽然一般都不会超过4周）。

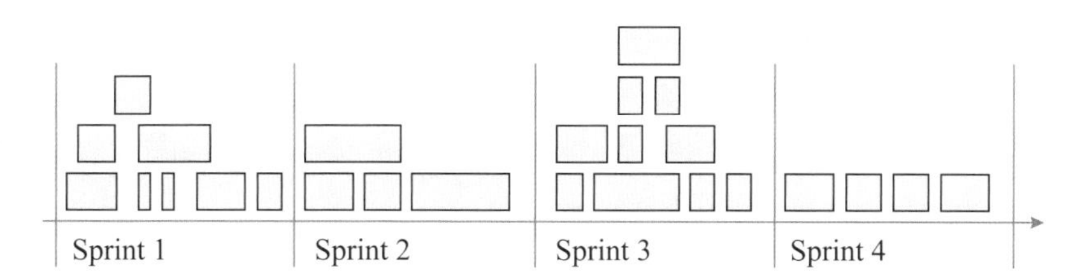

Kanban团队努力缩短生产周期，保持顺畅流动，而这些因素会间接推动团队把任务拆分成相对较小的片段。但是Kanban对任务规模没有明文规定一定要在某个时间内做完。在同一张板上，我们可能会既有1个月做完的卡片，又有一天能做完的卡片。

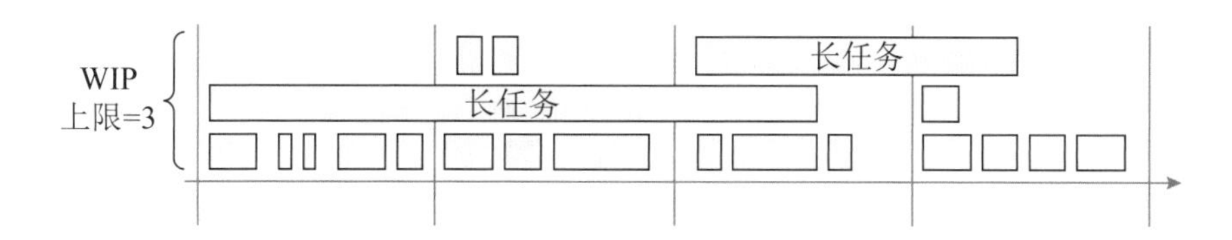

Scrum规定了估算和生产率

在Scrum里面，团队要对每个承诺的任务估算其相对大小（=工作量），到迭代结束的时候，把每个任务的大小相加，就得到了生产率。生产率是度量团队能力——我们每个Sprint能交付多少东西——的指标。下面是平均生产率为8的一个例子。

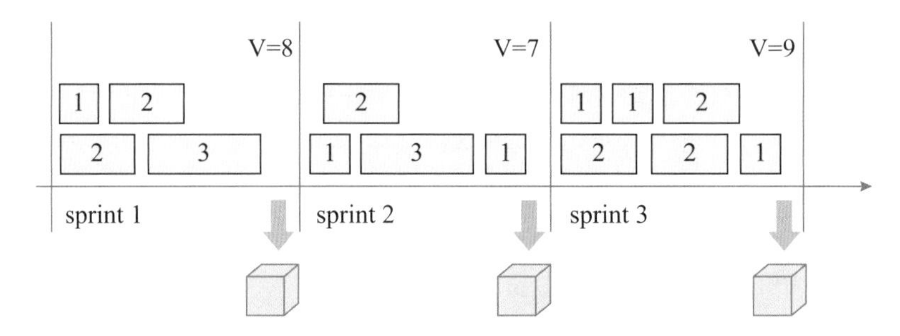

知道平均生产率为8是件好事，因为我们可以据此合理推测接下来的sprint能做完多少任务，继而做出合理的发布计划。

Kanban没有规定估算这回事。所以如果需要做出承诺的话，就得想一想怎么作预测了。

有的团队用Scrum的方式作估算，度量生产率。有的团队就跳过估算，但是尽力把每个任务都拆分得大小相近，于是生产率就很好算了，把单位时间里做完的任务数加起来就行（例如每周完成的特性数）。有的团队会把任务打包成MMF（最小适销特性），然后度量平均每个MMF的生产周期，以此建立SLA（服务品质承诺），例如“我们承诺的单个MMF一般都会在15天之内交付”。

以Kanban风格制定发布计划和承诺管理的方式有很多，也很有趣。但是Kanban没有规定任何具体的方式，所以就去谷歌搜索吧，多试几种不同的做法，直到找到最适合你的为止。也许我们有一天会看到一些“最佳实践”的。

两者都允许在多个产品上并行工作

“产品backlog”这个词其实挺不幸的，因为听上去就像是所有任务都得是跟同一个产品相关的。下面是两个产品绿色和黄色，每一个都有自己的产品backlog，也有自己的团队。

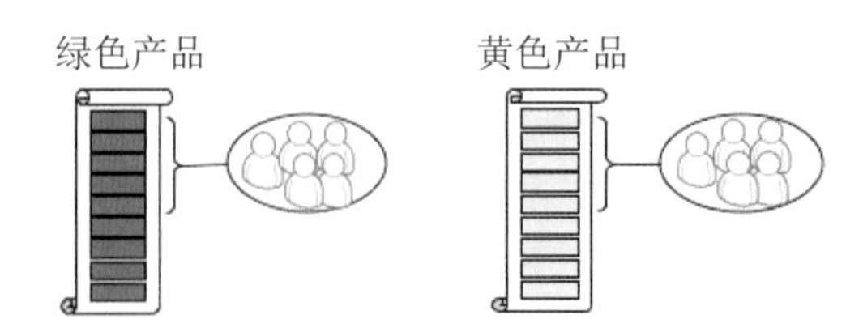

万一你只有一个团队呢？其实，你可以把产品backlog当作团队backlog看待。如果团队在维护多个产品，就把这些产品都合并到一个列表里面。这会迫使我们把产品放在一起考虑优先级，有时候会给我们帮上很大忙。我们可以采取多种做法。

其一，每个Sprint聚焦一个产品，如下图所示。

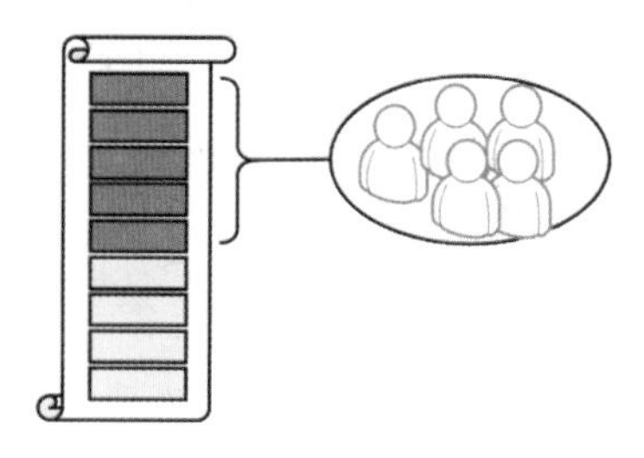

共二，每个Sprint里面，两个产品的特性都要做，如下图所示。

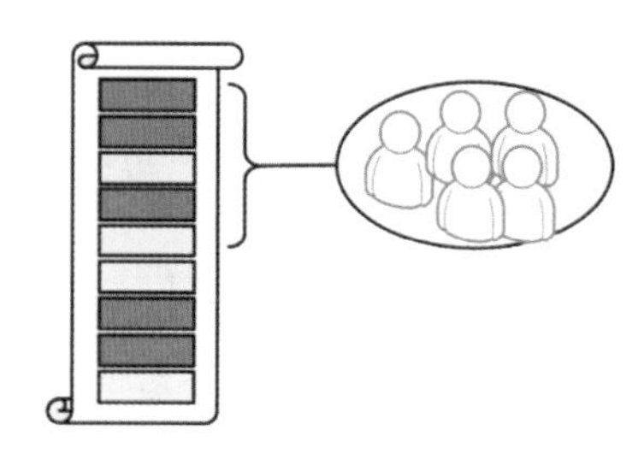

后者跟Kanban是一样的。在一张图上可以有多个产品流动。我们可以用不同颜色的卡加以区分，如下图所示。

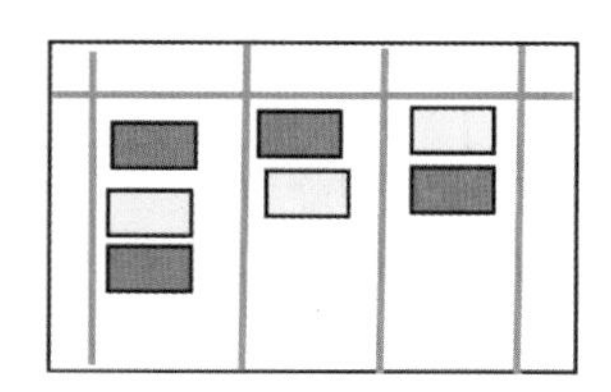

也可以用“泳道”来区分，如下图所示。

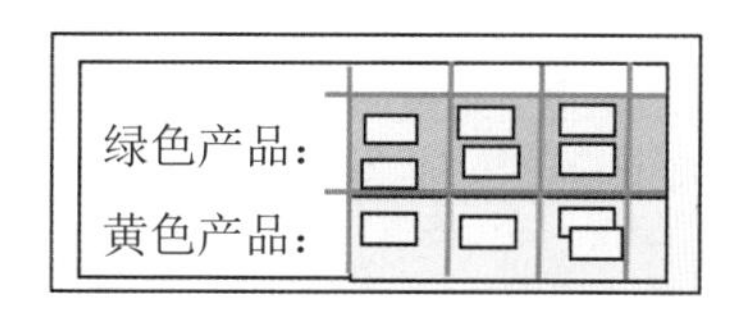

两者都是精益敏捷的

一般来讲，Scrum和Kanban跟精益思想和敏捷宣言里面的价值观与原则是相当吻合的，当然我就不在这里过一遍了。举些例子看看。

- Scrum和Kanban都是拉动式计划系统，跟精益的JIT（准时化）库存管理原则是一致的。这表示团队决定从什么时候开始干活，干多少活。等他们准备就绪的时候就把工作“拉”过去，而不是从外部“推”进来。就像打印机只有在准备打印的时候才把下一页拉进去一样（当然，打印机还是有些小小库存的）。

- Scrum和Kanban都基于持续的、经验主义的过程优化，这跟精益的改善原则是一致的。
- Scrum和Kanban都强调响应变化胜过遵循计划（虽然Kanban的响应速度一般要比Scrum快），这是敏捷宣言的四项价值观之一。

……

从某个角度来看，Scrum也不那么精益，因为它把批量任务放到固定期限的迭代里面去。但这也要看迭代有多长，还要看跟谁比。用传统过程的时候，我们一年也许会集成并发布2～4次，这样来看的话，每两周就能生产出可交付代码的Scrum可就是精益无比了。

但是，如果你不断缩短迭代周期，本质上等于向Kanban靠拢。如果你们开始研究把迭代缩成比1星期还短，那还不如干脆把固定期限的迭代干掉了。

有句话我前面提到过，接下来还会不断重复：一直尝试，直到找到适合自己的方式为止！然后继续尝试。:o)

小小差异

Scrum和Kanban的区别已经讲过一些了，还有些区别不是那么鲜明，但也值得一看。

Scrum规定了经过优先级排序的产品backlog

Scrum的优先级是通过产品backlog排序来体现的，优先级的变化会在下一个（不是当前的）Sprint生效。在Kanban里面，你可以选择任何一种定义优先级的方式（或者干脆没有），一旦有人腾出空来，优先级的变化就可以生效（不像Scrum要有固定的时间点）。Kanban可以有也可以没有产品backlog，即便有的话，排不排优先级也不一定。

但操作上的差异并不大。Kanban图上最左边那列的用途跟Scrum产品backlog基本相同。不管这列排不排优先级，团队总要做出某种决定，搞清楚先拉哪张卡片来做。

- 总是选最上面那张。
- 总是选最早的那张（所以每张卡都有时间戳）。
- 随便选。
- 花大概20%的时间做维护的任务，80%的时间做新特性。
- 把团队的生产力平均分配到产品A和产品B上。

■ 如果有红色卡片就先选红的。

Scrum的产品backlog也可以用成Kanban。我们可以限制它的大小，定义怎么排优先级。

Scrum规定了每日立会

Scrum团队每天都会在同一时间同一地点开一个短会（最多15分钟）。这个会议的目的是让大家知道工作进展，计划当天任务，识别严重问题。它有时被称作“每日立会”，因为一般都是站着开的，因为站着开时间短，大家也更有精神。

Kanban没有规定每日立会，但绝大多数Kanban团队好像也都在这样做。这是项伟大的技术，不管你用什么过程都值得采用。

在Scrum里面，会议形式是以人为中心的，每个人轮流发言。很多Kanban团队的会议重心向图倾斜，重点放在瓶颈和其他可见的问题上。这种方式的扩展性更高。如果有共用一张图的4个团队一起开每日立会，也许就不必让每个人都发言，只要聚焦瓶颈就行了。

Scrum规定了燃尽图

Sprint燃尽图每天更新，展示当前迭代还剩余多少工作没做。

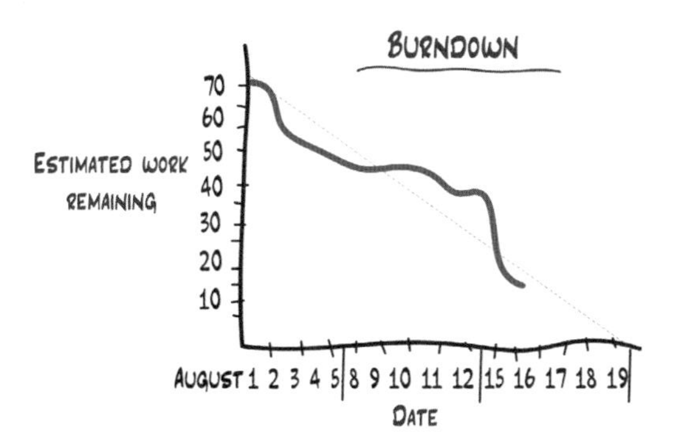

Y轴的单位跟Sprint任务的单位一样，一般都是小时或天（如果把backlog条目进一步拆分成任务的话），也或者是故事点（如果没拆分的话）。选择其实还蛮多的。

Scrum把Sprint燃尽图用作跟踪迭代进度的主要工具。

有些团队还用了发布燃尽图，格式跟Sprint燃尽图一样，只是层次不同，它通常显示的是每过一个Sprint，产品backlog上还剩多少故事点。

燃尽图的主要目的是便于尽早发现实际进度跟计划的偏差，以便调整。

Kanban没有要求燃尽图。它根本没要求任何特殊的图表。但不管什么图表，只要他们想用，就肯定是可以用的（也包括燃尽图）。

下面是累积流图（Cumulative Flow diagram）的一个例子。它生动地展示出流动的平滑与否，WIP如何影响生产周期。

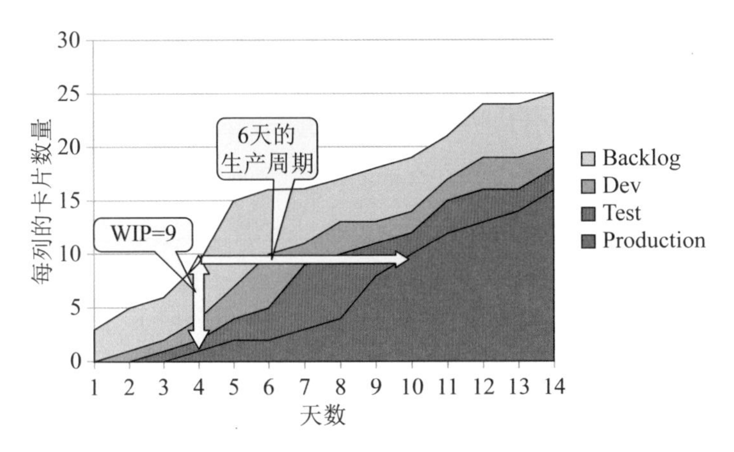

看看它是怎么工作的。每天都有人算一下Kanban图上每列都有多少卡片，把数字沿Y轴方向堆起来。所以在第4天的时候，图上一共有10张卡片，从最右列看起，Production有1张，Test有1张，Dev有2张，Backlog有6张。[①] 如果我们用每天的这些点连起来作图，就会看到上面这张漂亮图表了。两个箭头显示了WIP和生产周期之间的关系。

横向箭头告诉我们，在第4天加到backlog里面的卡片，平均要过6天才能到Production这一列，而且有将近一半时间处于Test。图中可以看出，如果我们限制了Test和Backlog的WIP，总生产周期就会大大缩短。

深蓝色区域的斜率代表了生产率（每天能够部署多少张卡）。我们会逐渐看到，高生产率会缩短生产周期，高WIP限额会延长生产周期。

大多数组织都想提高做事的效率（=缩短生产周期）。但不幸的是，很多组织都落入陷阱，试图用增加人手或工作时间的方式来达成这个目的。一般而言，想提高做事效率，最有效的方式是让流动平滑起来，按能力限制工作数量，而不是加人或者让人工作得更辛苦。上面这种图显示出了背后的道理，会让团队和管理层更容易提高协作效率。

如果我们把排队状态（如“等待测试”）和工作状态（如“测试”）分开的话，道理就更明显了。我们想尽全力减少排队的卡片数，而一张累积流图可以提供恰当的契机。

① 译者注：原文中所写的卡片数量有误，此处的修正经过了作者的确认。

Scrum板对比Kanban图——一个不大不小的例子

Sprint backlog只是Scrum全景中的一部分而已——它显示出团队在当前的Sprint里面在做些什么。产品backlog也是一部分——这个列表装的就是产品负责人想在后面的Sprint里面做完的东西。

产品负责人可以看Sprint backlog，但不能碰。他随时都可以改产品backlog，但是他做出的修改直到下个Sprint才生效（生效=影响当前进行的工作）。

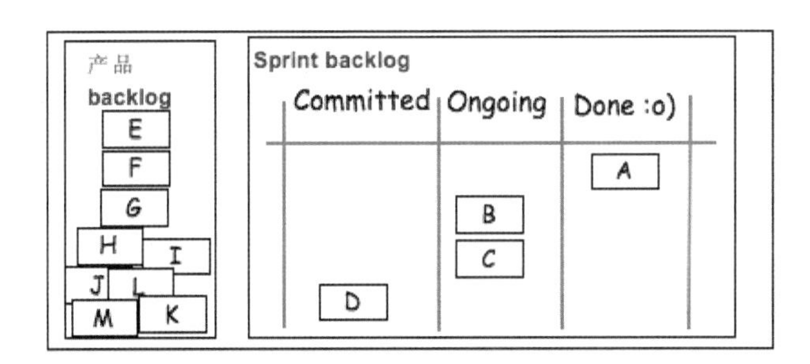

Sprint完成以后，团队把“基本可上线的代码” 交付给产品负责人。然后Sprint就结束了，团队会做一个回顾，会自豪地向产品负责人演示特性A、B、C、D。产品负责人会决定到底要不要让这些代码上线。最后一部分——真正把产品上线——通常不是Sprint要做的事情，所以也不会在Sprint backlog里面体现出来。

把上面的场景换成Kanban图来表示的话，大概是下图这样的。

现在整个流程就都展现在同一张图上了，我们看到的不只是一个Scrum团队在一个迭代里面是怎么工作的。

在上面的例子中，Backlog这一列只是个总的愿望列表，没按特定顺序排列。Selected这列放的是优先级最高的需求，它的Kanban上限是2。所以不管在什么时候，这列里面最多只能放两张卡片。一旦团队有人手能抽出来做新任务，他们就从Selected的最顶端拿一张卡。产品负责人随时都可以修改Backlog和Selected这两列，但不能动其他列。

Dev这列（被分成了两个子列）显示的是当前开发的工作，它的Kanban上限是3。在网络术语中，Kanban上限对应的是“带宽”，生产周期对应的是ping（或响应时间）。

我们为什么非要把Dev这列分成Ongoing和Done两列？这是为了让产品团队知道哪些东西可以部署到产品环境了。

Dev的上限3是由两个子列共享的。为啥呢？举个例子吧，如下图所示，假设有两张卡在Done里面。

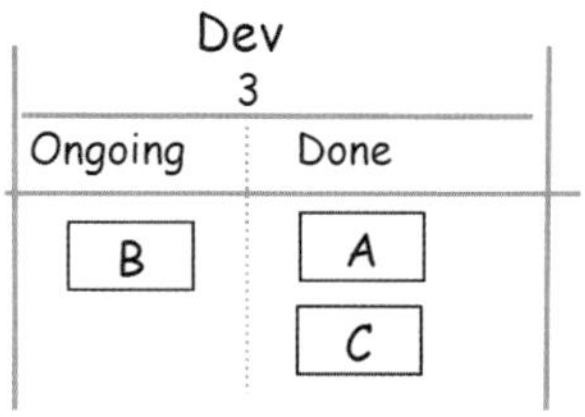

Dev 3	
Ongoing	Done
B	A
	C

这意味着在Ongoing里面只能有一张卡。即便是团队有富余的人手可以做新任务，那他也不能做，因为Kanban已经到了上限。这会让他们有强烈的欲望，大家齐心协力把东西部署好，清空Done这一列，让流动更顺畅更迅速。这种约束带来的效果是可以渐渐深入人心的——Done里面的东西越多，Ongoing能放的就越少——团队可以聚焦于做正确的事情。

单件流

单件流是“完美流”的一种场景。在单件流中，一个任务从板上从头流到尾，中间没有任何阻碍。这就是说在任何一个时刻，都有人为这张卡工作。单件流图大概是下图这样的。

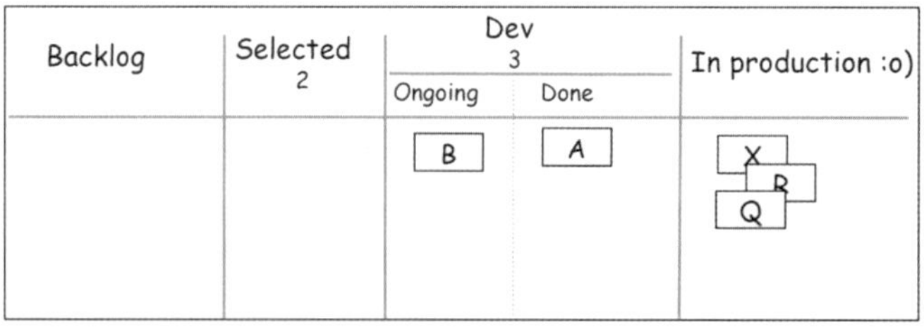

Backlog	Selected 2	Dev 3		In production :o)
		Ongoing	Done	
		B	A	X R Q

B正在开发，A即将部署。什么时候有空做下一张卡了，团队就去问产品负责人要最重要的事情做，他们会立马得到答复。如果这个理想的场景一直存在下去，我们就可以把Backlog和Selected这两列干掉，让生产周期真正短下来！

科里·拉达斯（Cory Ladas）对此做了精彩的总结：“理想中的工作安排，是应该总是为开发团队准备好下一步要做的事情，既不能多，也不能少。”

这里的WIP上限只是用来防止问题脱离控制，如果一切都在顺畅流动的话，WIP上限也就用不着了。

Kanban大陆上的一天

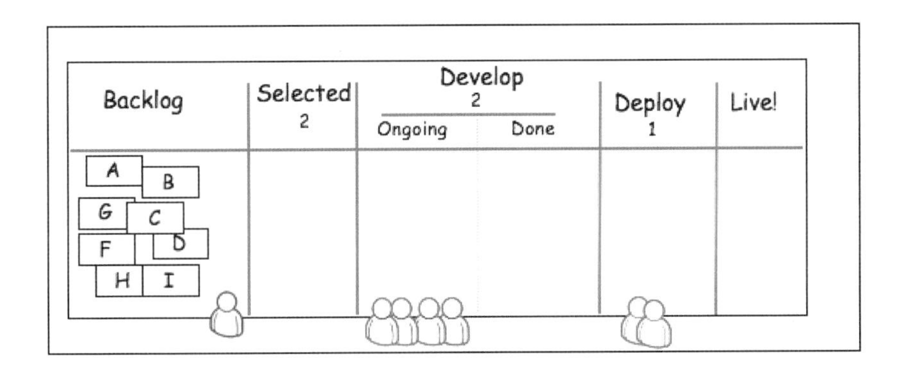

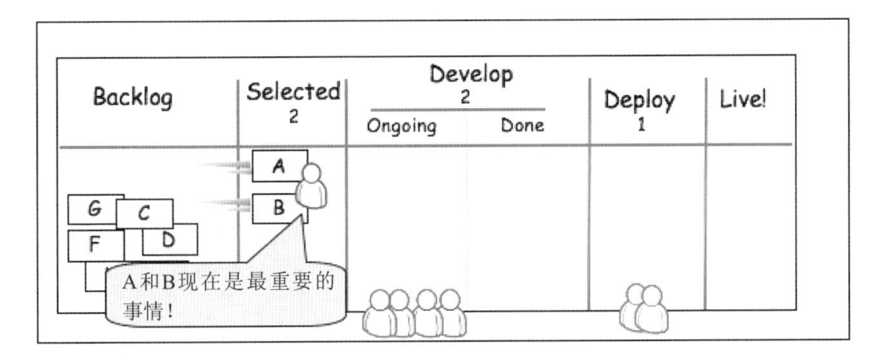

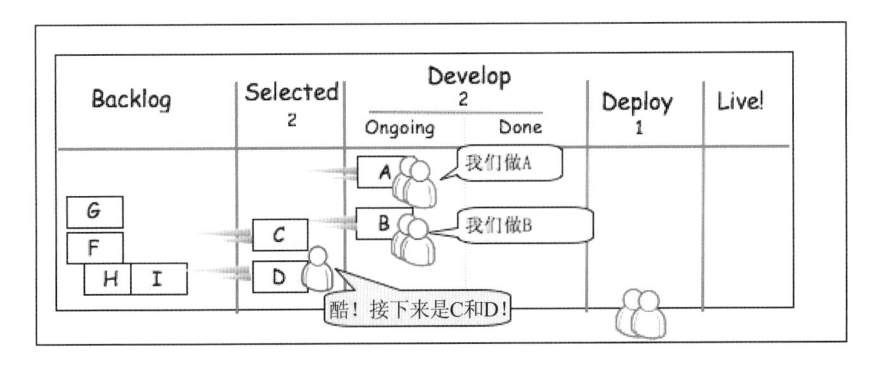

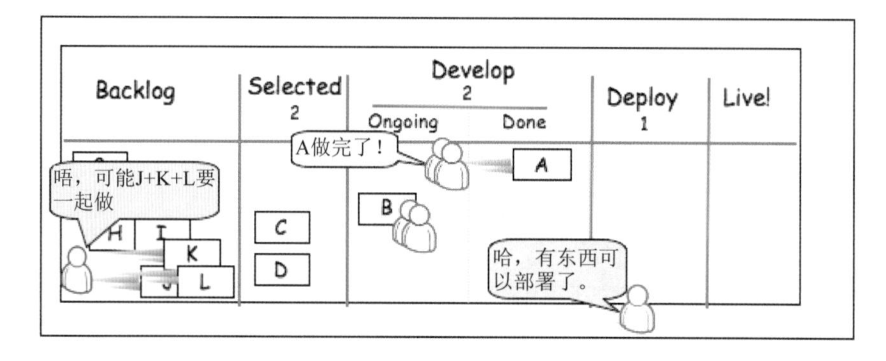
Backlog
Selected
2
Develop
2
Ongoing
Done
Deploy
1
Live!
A做完了！
A
B
唔，可能J+K+L要一起做
H
I
K
J
L
C
D
哈，有东西可以部署了。

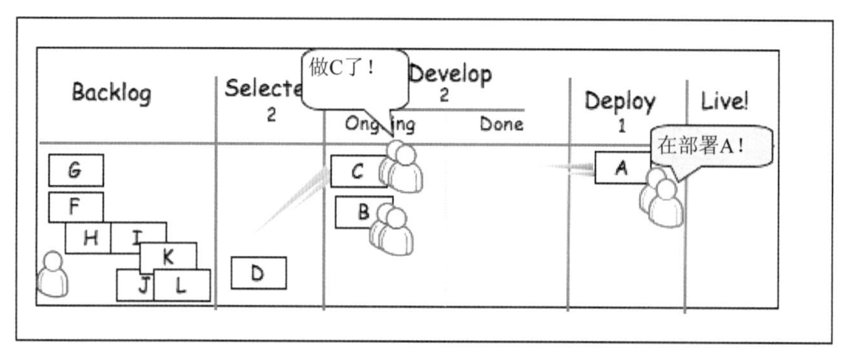
Backlog
Selecte
2
做C了！
Develop
2
Done
Deploy
1
Live!
在部署A！
G
F
H
I
K
J
L
C
B
A
D

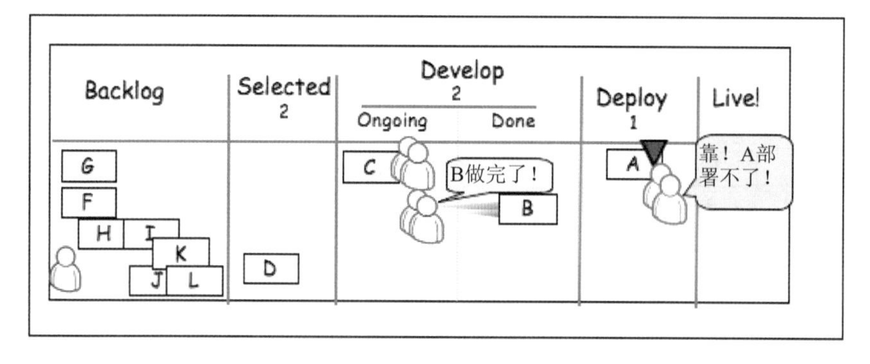
Backlog
Selected
2
Develop
2
Ongoing
Done
Deploy
1
Live!
G
F
H
I
K
J
L
C
B做完了！
B
A
靠！A部署不了！
D

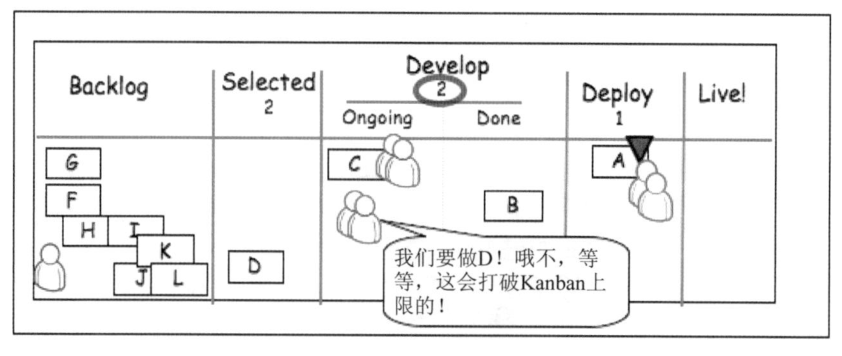
Backlog
Selected
2
Develop
2
Ongoing
Done
Deploy
1
Live!
G
F
H
I
K
J
L
C
B
A
D
我们要做D！哦不，等等，这会打破Kanban上限的！

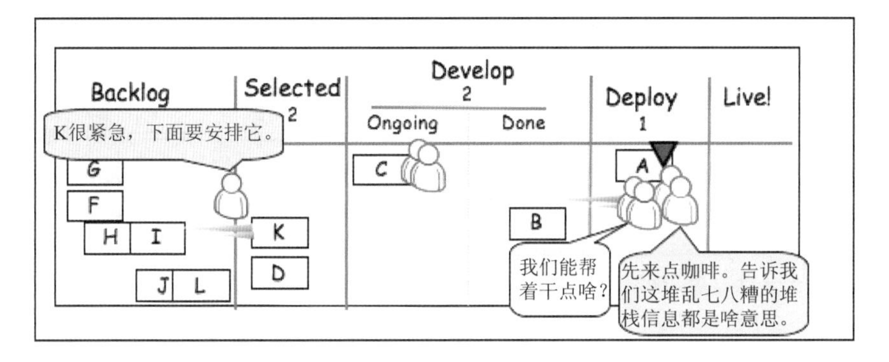
Backlog
Selected 2
Develop 2
Ongoing
Done
Deploy 1
Live!
K很紧急，下面要安排它。
我们能帮着干点啥？
先来点咖啡。告诉我们这堆乱七八糟的堆栈信息都是啥意思。

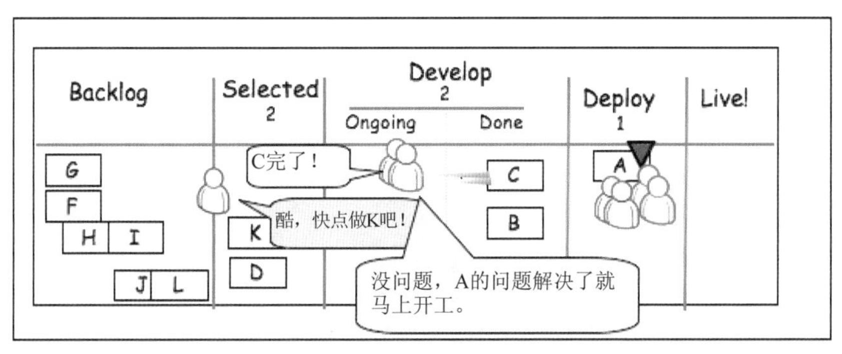
Backlog
Selected 2
Develop 2
Ongoing
Done
Deploy 1
Live!
C完了！
酷，快点做K吧！
没问题，A的问题解决了就马上开工。

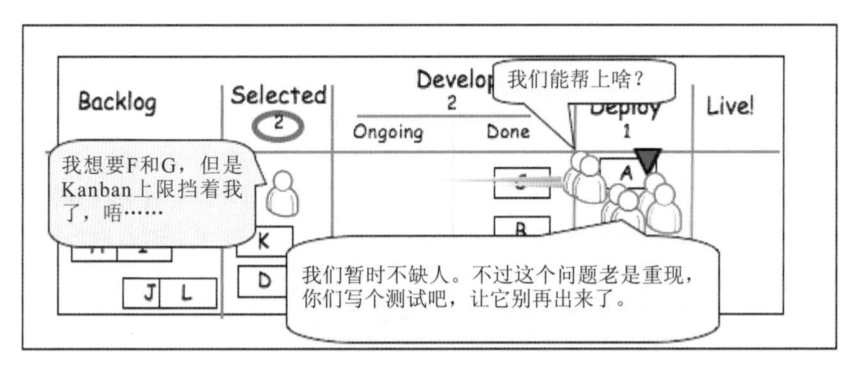
Backlog
Selected 2
Ongoing
Done
Live!
我们能帮上啥？
我想要F和G，但是Kanban上限挡着我了，唔……
我们暂时不缺人。不过这个问题老是重现，你们写个测试吧，让它别再出来了。

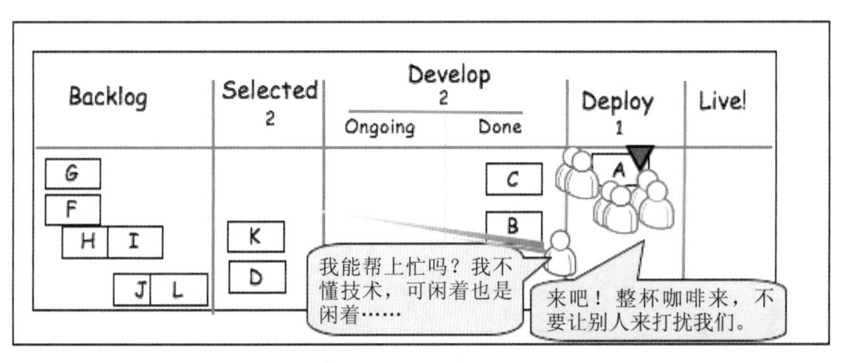
Backlog
Selected 2
Develop 2
Ongoing
Done
Deploy 1
Live!
我能帮上忙吗？我不懂技术，可闲着也是闲着……
来吧！整杯咖啡来，不要让别人来打扰我们。

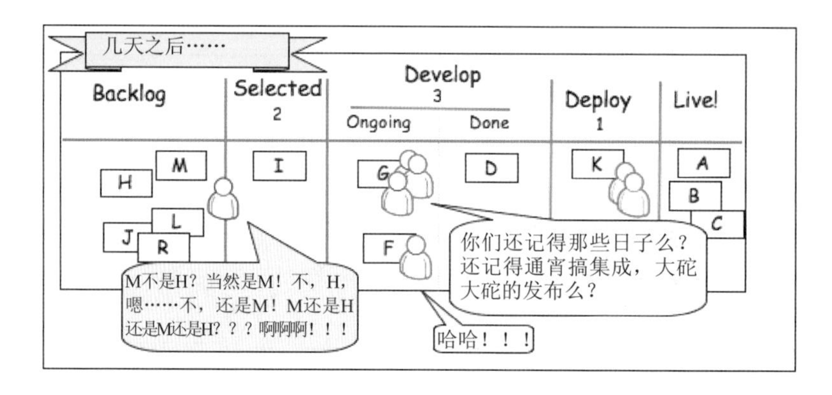

Kanban图非得看上去跟它一样么?

不，这些图只是一个例子！

Kanban只规定了两件事，一个是工作流必须可见，另一个是WIP要有上限。它的目的是在系统中制造无障碍的流动，尽可能缩短生产周期。所以你要常常提出这类问题：

我们应该有哪几列？

每一列都代表一个状态，或是两个状态之间的（缓冲）队列。应该先从简单的开始，迫不得已的时候再增加。

Kanban上限应该是多少？

如果你的某一列已经到了Kanban上限，而你也没有任何事情可作，那就去找下游的瓶颈吧（也就是向右边找一下，看哪列里面有堆起来的卡片），找出来以后帮着把它干掉。如果找不到瓶颈，Kanban上限可能就太低了，因为设置上限的目的就是为了减少给下游瓶颈添乱的风险。

如果发现有很多卡片安静地坐在某个地方没人动，也就意味着Kanban上限可能太高了。

- 太低的Kanban上限 => 发呆的人 => 低生产率
- 太高的Kanban上限 => 发呆的任务 => 长生产周期

Kanban上限有多严格？

有些团队把它当作军规（团队不能超过这个限额），有些团队把它当作指南，或是讨论触发器（上限是可以打破的，但对此应该有一个合理的解释，并就其发起讨论）。再重复一次，这是你自己的事。我不是告诉过你Kanban没有太多约束么？

小结——Scrum对比Kanban

相似性

- 都是既精益又敏捷。
- 都是拉动式计划。
- 都限制了WIP。
- 都以透明的方式驱动过程改进。
- 都关注于尽早交付、频繁交付可发布的软件。
- 根基都是自组织型团队。
- 都需要把工作拆分。
- 发布计划都是根据经验数据（生产率/生产周期）不断优化的。

差异

Scrum	Kanban
规定了固定时长的迭代	固定时长的迭代是可选的。计划、发布、过程改进等活动可以各有各的节奏。它可以由事件驱动，不用非要固定时长
团队承诺当前迭代做完一定量的工作	承诺是可选的
用生产率作为计划和过程改进的默认度量手段	用生产周期作为计划和过程改进的默认度量手段
规定了跨功能团队	跨功能团队是可选的。可以有专职团队
任务必须分解，以便在1个Sprint里面能做完	没规定任务规模
规定了燃尽图	没规定专门的图表形式
间接限制（每个Sprint的）WIP	直接限制（每个工作流状态的）WIP
规定了估算	估算是可选的
不能往进行中的Sprint里面加任务	只要有人手富余就可以加任务
一个Sprint Backlog归一个团队所有	一张Kanban图可以由多个团队或多人共用
规定了三种角色（PO、SM、Team）	没有规定任何角色
每个Sprint之间重置Scrum板	Kanban图一直保留着
规定了经过优先级排序的产品backlog	优先级排序是可选的

好了，就到这里了。你现在已经知道区别了。

但是精彩的部分才刚刚开始！把鞋子脱掉，跳到沙发上找个舒服的姿势，跟马蒂斯一起畅游实践之旅吧。

第20章

案例回放

真实生活中的Kanban就像上图一样。接下来要讲述我们使用Kanban进行改善的故事。在刚开始的时候，到处都找不到有用的信息，谷歌也一度让我们两手空空。而到了今天，Kanban已经成功发展出一套知识体系。我强烈推荐大家了解一下大卫（David Anderson）的成果，例如“服务类别（classes of service）。接下来是我们的第一个（也是最后一个）免责声明。不管你打算实施哪种解决方案，请确保它可以解决你的具体问题。我说完了。咱们继续吧。下面就是我们的故事。

——马蒂斯·斯加林（Mattias Skarin）

技术支持的现状

倘若你曾经提供过24×7的电话支持，你就会全方位了解到管理产品环境所要担负的责任。不管问题是不是你引起的，你都得在深更半夜找出问题来源。没人知道问题在哪里，所以他们才给你打电话。你从来没有造过硬件，写过驱动，甚至客户用的软件也不是你写的，所以这更是麻烦事。你的选择往往就那么几种：缩小问题范围，减少影响，保存现场，等到某人把问题重现后再解决。

响应能力和解决问题的能力是关键，当然还要快，还要不出错。

到底为什么要改变

在2008年，我们的一位客户—— 北欧一家游戏开发组织——开展了一系列的过程改进活动，其中包括把Scrum推广到整个开发组织中，逐步消除阻碍开发团队交付软件的问题。等到软件运作良好和性能提升以后，改进的压力就落到了运维团队身上。先前他们基本上就是作壁上观，现在也越来越多地参与进来，成为开发过程中的积极分子。

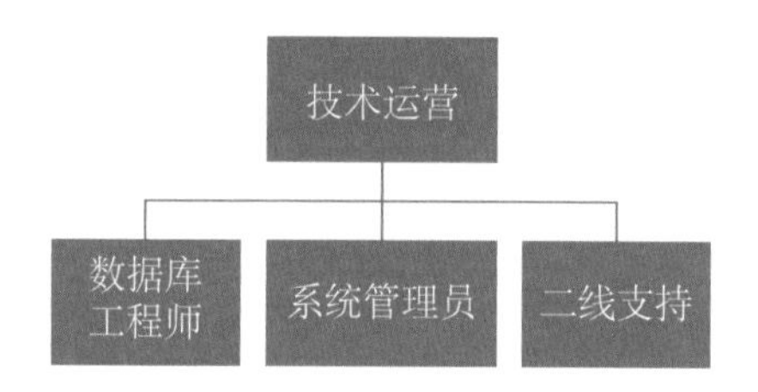

运维团队包括三个小组：DBA、系统管理员和二线支持

所以我们不能只帮助开发团队，否则技术支撑团队那边的核心运营设施改进工作就会拖后腿。一颗红心，两手都要抓。

另外，改进工作在开发团队中取得进展以后，管理者就需要把更多的时间投入到改进想法的分析和反馈，这也意味着他们用来解决问题和及时划分任务优先级的时间就更少了。管理团队意识到，他们得在管理混乱到无可救药之前采取行动。

我们从哪里开始

因为开发团队算得上是运维团队的客户，所以一开始我们就先对开发团队做访谈。

从开发的视角看运维

我的问题是“当你想到‘运维’这个词的时候，你首先会想到哪三件事？”下面列出了最常见的答案。

“知识全面。”

“很擅长运营设施。”

“他们想帮忙，但其实帮不上。”

“项目时间太长了。”

“他们的工作流系统太烂了。”

“他们到底是干啥的？。”

“一点儿小破事就得来回发好几次邮件。”

“找不到他们。”

这就是开发人员眼中的运维。接下来对比一下，看看运维人员是怎么看开发的。

从运维的视角看开发

“你们为什么没用上平台现有的优势？”

“咱们把发布搞得轻松点儿，行不行！”

“你们能把质量弄得好点儿不？我们都快不行了！”

“他们应该做出改变”——这是双方共持的一个论调。很明显，如果我们要引导大家解决共有的问题，这种思维方式是必须改变的。但是从积极的一面看，“很擅长运营设施”（暗示着信任对方的关键能力）这种说法也让我们坚信，如果我们创造出合适的工作条件，“我们 干他们”这种想法是可以被修正的。消除加班，关注质量就是一个可行方案。

迈开腿，上路

我们要上路了，第一步该怎么迈呢？我们只有一件事情是很确定的，那就是“起点并非终点”。

我也是开发人员出身，所以我对运维这码事了解的也不多。我不想带来狂风暴雨一般的变化。我需要一个温和一点的方式，它本身要容易学，还能过滤掉无关的东西，让我们学会如何把事情做得更好。

候选方案有两个。

1. Scrum，这个在开发团队中用得很好。

2. Kanban，比较新，没检验过，但是跟精益原则很般配，而后者也正是组织中所欠缺的。

跟管理者讨论以后，我们发现Kanban和精益原则跟要解决的问题基本上是很吻合的。在他们看来，运维团队重排优先级的频率是以天为单位的，所以sprint的用途不大。于是，Kanban就理所当然地成了出发点，即便它对于我们所有人而言都是新生事物。

团队启动

这两支团队该怎么启动呢？我们找不到现成的手册提供指导。如果这一步走错就糟透了。我们不但会错过改进的机会，而且也会跟这群一起为这个产品平台工作的、专业技能丰富的兄弟们疏远，后果简直不堪设想。

- 我们应该先开始再说么？走一步看一步？
- 还是先搞个研讨会？

答案很明显了：“切，不就是搞个研讨会么？”但怎么搞呢？把整个运维团队都拉过来参加研讨会的难度很大，比如有电话打进来的时候谁去接呢？最后我们决定办一个半天的研讨会，把内容精简一些，多做练习。

研讨会

研讨会有一个很大的好处，它可以尽早暴露我们的问题。它同时还为参与者提供了彻底放下防备心理的环境，有什么想法都可以直接拿出来讨论。并不是所有人都满怀激情地想要改变现有的工作方式，这点我们必须得承认。但大多数人还是比较开放，想尝试一下。所以我们在研讨会上展示了一些最重要的精益原则，还模拟了一个小型Kanban。

学习一些基本原则	看板演示
• 根据能力限制工作量 • 批量规模对比循环周期 • 在制品对比产出 • 约束理论	• 三种工作类型 回答问题；做一辆乐高汽车设计并搭建一座房子； • 三个迭代 为每种工作类型度量生产率；试验；调整WIP • 汇报

会议结束的时候，我们用出拳的方式投票，看看大伙是不是愿意在工作中真实地体验一把。结果没人反对，于是我们就开始了。[①]

直面相关干系人

很明显，实施Kanban的过程中，项目的相关干系人也会受到影响。固然这些变化可以带来好处——团队开始对无法完成的事情说“不”，开始坚持质量，把低优先级的东西从backlog中挪走。但无论如何，先沟通一下总是好的。

离一线支持最近的干系人是部门经理。他们已经参与了研讨会，所以对进一步落实Kanban还是很积极的。开发团队也一样（他们多少还是都期望改进的）。但到了运维团队那里，情况就不同了。他们最大的困难在于，每个人都已经被工作压得不堪重负，还要处理客户报上来的问题（公司已经承诺会解决所有问题）。如果我们要实施Kanban，强制推行WIP限额，这些困难就要想办法解决掉。

所以我们跟几个关键的干系人描述了一下愿景，实施后能获得的收益，还有可能发生的情况。就我看来，我们的想法还是很受认可的，有的领导强调说：“如果我们最后能把这些问题都解决掉的话就太棒了。”

做出第一个图

用价值流分析可以有效帮助团队做出第一个Kanban图。价值流分析是一种价值链的可视化管理工具，它能够帮助使用者深入剖析工作状态、流动、循环时间。

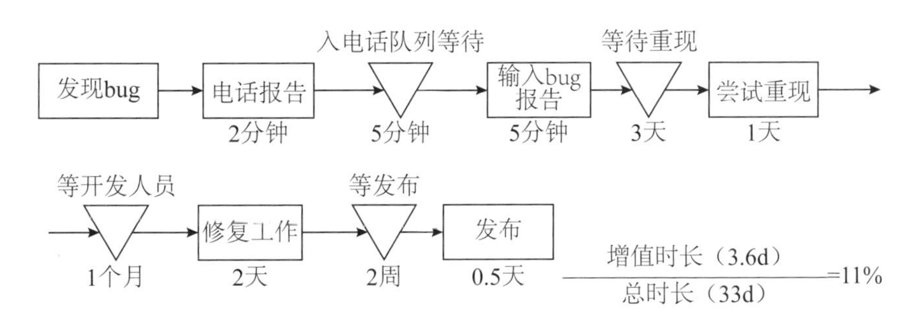

不过我们的做法要简单得多：跟经理一起在纸上画了个Kanban图的样例。后来又检视了几遍，然后就开始用了。这个过程中通常会提出下面这些问题。

- 我们有哪些类型的工作？

① 译注：“出拳”的原文是“fist of five”，即出拳头表示反对，出的手指越多，表示越支持。

- 谁处理这些工作？
- 我们是否应该在各种工作类型之间共享职责？
- 在有技能壁垒的情况下怎样分担职责？

因为不同类型的工作有不同的服务品质协议，所以还是让每个团队自行设计自己的Kanban图为好。于是他们自己做出了行和列。

还有一点也是比较关键的，即到底要不要在各种工作之间分担职责。“我们是不是应该固定一部分人专门处理问题（应急性的工作），让其他人专注做项目（前瞻性的工作）？”我们打算先试一试职责分担。在做出这个决定的时候，有一个因素起了很大的作用，那就是我们已经有了这样的认识：团队成员的自我组织和成长对于组织的可持续发展是不可或缺的。当然，这个方案也有些负面作用，它会让每个人的工作都受到干扰，但这已经是我们所能想到的最好方案了。另外提一句，我们搞研讨会的时候，来参加的团队就这个问题还真的自组织起来了。他们让一个人处理紧急请求，其他人处理耗时更长的事件。

第一个Kanban模型

下图是我们用的最基本的Kanban模型。这个模型跟大家常用的有点儿不一样，我们的想法是让卡片往上浮（就像水中的气泡一样），而不是从左往右移动。我们的第一个Kanban模型就是这样。优先级从左到右排，流动是从下到上。每一行的任务数相加就是在制品数量（如图中的红圈）。这个模型参考了琳达·库克（Linda Cook）的报告。

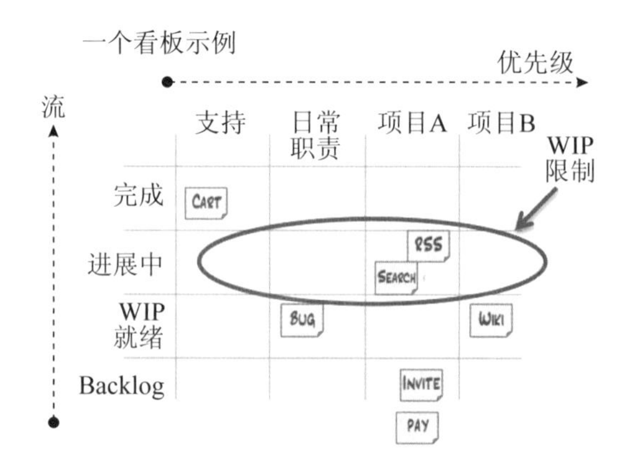

系统管理团队用的第一个Kanban图如下所示。

各行的含义如下表所示。

工作状态（行）	定义
Backlog	经理定下来的故事
Ready for WIP	做过估算的故事。这些故事都拆成了不超过8小时的任务
Work in progress	这一行有上限。我们一开始用的上限是2*团队规模-1（-1是因为大家要协作）。所以4人团队的WIP上限是7
Done	用户已经用上了

各列的含义如下表所示。

工作类型（列）	定义
Release	帮助开发团队交付软件
Support	其他团队提交过来的小块需求
Unplanned	意料之外的工作，没有清晰的责任人。比如底层架构的微改进
Project A	大型运维项目，例如更换试机环境的硬件
Project B	另一个大型项目

所有的Kanban图并非都是一个样子的。它们都是先从一个简单的骨架开始，持续演进。

设置第一个WIP上限

我们一开始设的WIP上限相当大，因为我们也没办法刚开始就猜得到该设成多少，所以就先把流动状态可视化出来，感受一下是否合适。后来每次找到合适的理由，我们都会调整

WIP上限（其实只要看一眼Kanban图就清楚了）。

最开始给WIP设的上限是2n-1（n=团队成员数量，-1是为了鼓励协作）。为什么呢？一句话概括，就是我们也没更好的想法。☺另外每个人对此也毫无疑义。这个公式让团队有了既简单又合情合理的解释来应对那些要强加工作的人："……现在每个人都有两件事情要做，一个正在做，一个在等待，你怎么还能给他们再派活呢？"回想起来，其实在一开始的时候，随便设一个比较大的上限也是可以的，在监控Kanban的过程中，还是很容易找出比较合适的数值的。

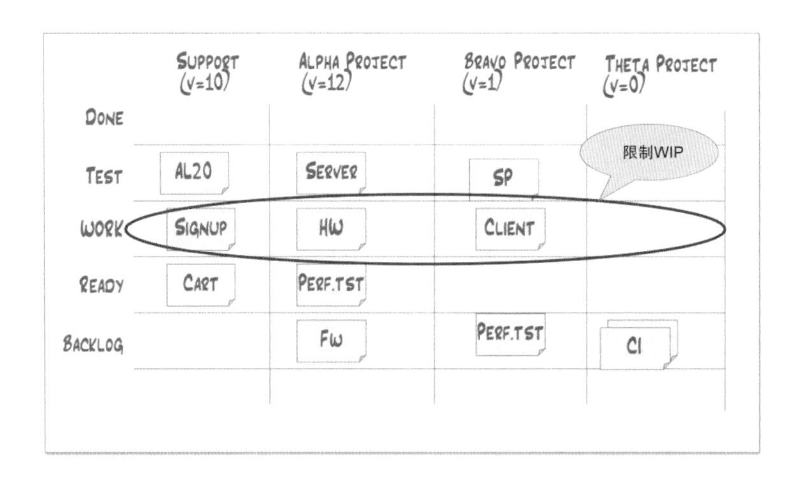

我们给DBA和系统管理团队设的WIP上限，每种工作类型各有一个上限

我们还观察到一点，用故事点定义WIP上限是没有意义的。这个太难跟踪了。最容易跟踪的单位就是卡片数量（并行开发的任务数）。

运维团队是每列定义一个WIP上限，因为在这个团队中，一旦并行的任务数逼近了上限，我们需要更快做出响应。

守住WIP上限

守住WIP上限听起来挺简单，但真要做起来就难多了。有些时候你就必须说"不"。我们试过很多种方式来应对这种情况。

在Kanban图前面讨论

如果出现违背WIP上限的情况，我们就会把项目干系人带到Kanban图前面，问他们更想要哪些东西。刚开始的违规大多是因为大家缺少经验导致的，也有些时候是因为看待优先级的视角不同。举个比较典型的例子，具有特殊专业技能的人对于他本专业领域内的工作，就容易与别人看法不一样。我们只在优先级上出现过冲突，等把问题理清楚以后，大家到Kanban图前面讨论一番，冲突基本上就能解决了。

增加一个溢出区

有时候说“不”太冒犯人，而且每张卡也都不是那么容易拿下来的，于是当WIP到了上限以后，我们就把低优先级的卡放到“溢出”区里面。我们给“溢出”的任务定了下面两条规则。

1. 它们不能拿过去就算了；一旦有空，我们还得把它们拿回来做完。

2. 我们扔卡的时候会通知大家。

才过了两周，我们就发现溢出的任务根本不需要再做了，在项目经理的帮助下，这些任务最终还是被拿掉了。

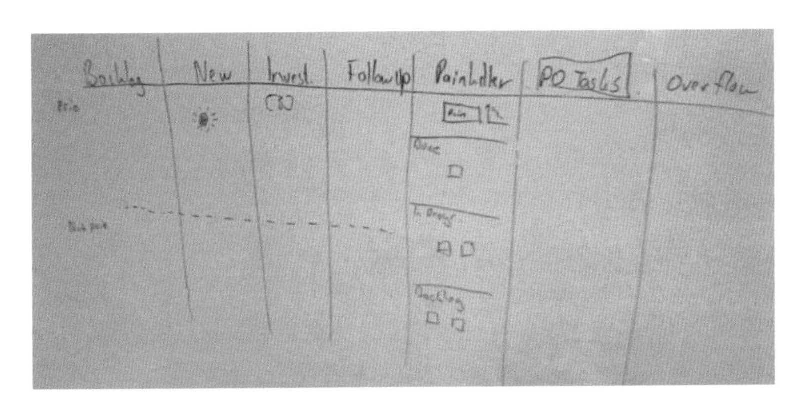

运维团队的Kanban图骨架；溢出区在最右端

什么任务能放到Kanban图上

我们早早地就定下规矩，不能把团队的所有事务都堆到板上。要是连打电话或者喝咖啡都得监控的话，Kanban就变成个噬魂怪了。我们是来解决问题的，不是来制造问题的。☺我们规定只能把超过1小时的任务跟踪起来，再小的任务就当作“白色噪音”了。这个1小时的限制还是相当有效的，我们只有极少几项措施从始至终没变过，这就是其中一个。（后来我们发现，背景噪音的影响也不可小觑，不过这是另外一个故事了。）

如下图所示，我们假定团队的全部时间全用来做两类工作：大的（做项目）和小的（提供支持）。跟踪项目生产率可以让我们对交付日期心里有数。我们假定“白色噪音”（小于1小时的任务、开会、喝咖啡、给人帮忙）一直存在。

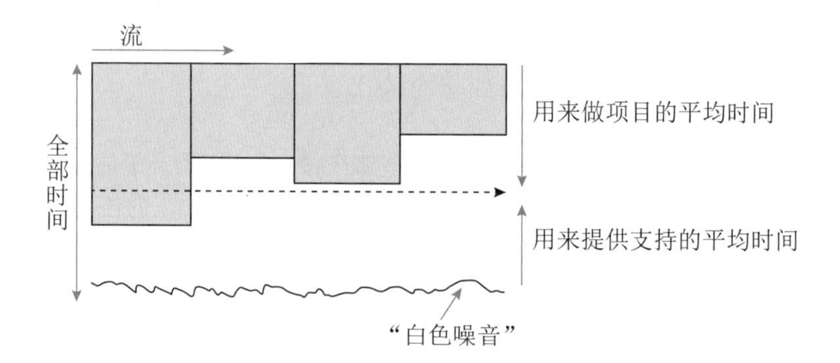

怎样做估算

这是个无休止的话题，答案自然也五花八门。

- 定期做估算。
- 需要做估算的时候就做。
- 用理想天/故事点。
- 估算是不准确的，可以用T恤法（小、中、大）。
- 不要做估算，除非延期交付的成本大于估算的成本。

我们稍稍受了Scrum的影响（毕竟有过经验），决定先用故事点做估算。但在实际操作中，大伙还是把故事点等同于人小时了（这让他们感觉更自然一些）。一开始，大家老老实实地估算全部故事。后来经理们慢慢意识到，如果并发的项目数量很少，项目干系人就不用傻等着。他们还学会了重排优先级以应对突发事件。

结果就是项目交付日期不再成为大问题。于是经理们也就不再要求团队提前做估算——只有在担心会让别人干等着的时候才做。

记得当初有一天，有个电话打过来要求赶紧交活，经理压力很大，满口答应要“在这周末”交项目。那个项目也在Kanban图上展示着，进度很容易看出来（算一下完成的故事数），到周末顶多也就能做完1/4。所以还得三周才行。看到这点以后，经理就把项目优先级改了一下，把其他正在做的任务全停了下来，为交付创造了条件。你一定要经常检查Kanban图啊。

估算值代表什么呢？生产周期还是工作时间？

我们的故事点表示工作时间，也就是真正投入做故事需要多少小时，不是循环周期，不是日历上的时间，也不是等待时间。算好每周能“完成”的故事点数（即生产率），我们也能推断出来生产周期。

每个新故事我们只估一次，也不会在做开发的时候调整估算值，这可以尽量减少在估算上投入的时间。

具体说说我们是怎么工作的

Kanban给团队施加的约束极少，所以有很多种工作方式可供选择。如下图所示，既可以让团队按计划行事，又可以设置触发点，有了足够的任务再开工。

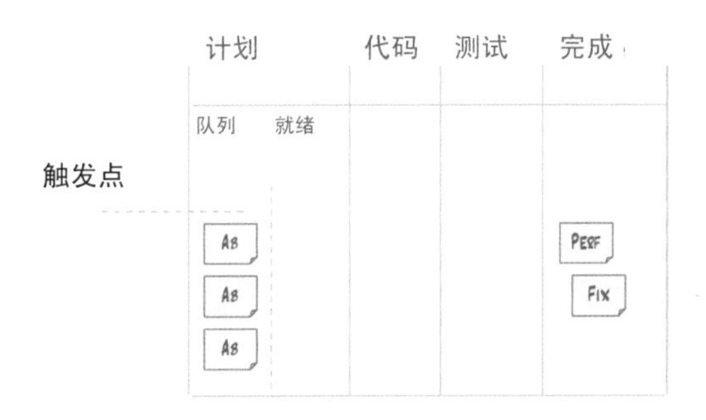

一旦backlog里面满了三个任务，就会触发一个“计划/估算”事件

我们还有两个周期性事件。

- 每日站会，大家都站到Kanban图前面来，说出问题，了解一下其他人的工作。
- 每周的迭代计划会议，目的是制定计划和持续改进。

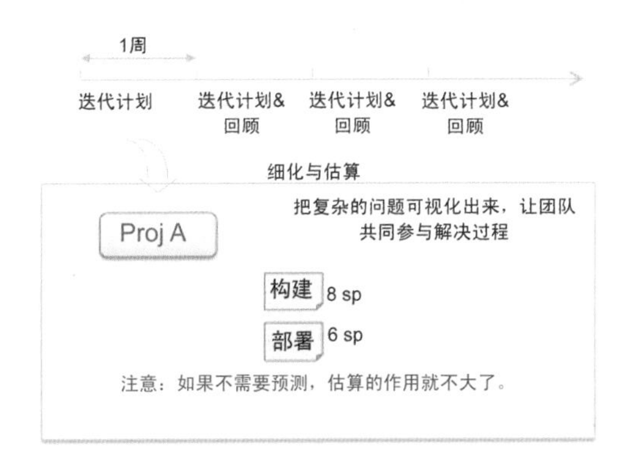

这种做法对我们很管用。

每日站会

每日站会跟每日Scrum会议很像。所有团队（开发、测试、支持）一起开完Scrum of Scrums会议以后再开站会。在Scrum of Scrums上，各个Kanban团队可以获得很重要的信息，比如哪些问题需要首先解决，哪个开发团队现在遭遇困境。刚开始经理们经常来参加，提一些方案，定一下优先级。后来团队慢慢地能够自我组织了，经理们来得也就越来越少了，但真有需要的时候可以随时叫来。

迭代计划会议

我们每周开一次迭代计划会议，每次都在固定好的时间开，不然就总会被其他事情给占了。这个会还可以让我们多一些沟通。计划会议的日程一般是这样的。

- 更新图表和Kanban。做完的项目就挪到“完成墙”上。
- 回顾上周的工作。有哪些事情发生了？为什么会发生？如果怎样做会更好？
- 调整WIP限额（如果需要的话）。
- 任务分解，估算新项目（如果需要的话）。

这个迭代计划会议基本上就是把估算和持续改进合到一起了。因为有一线经理在，一些不太突出的问题当场就可以解决，但有些比较复杂、涉及到基础设施的问题就得持续跟踪下去，很折腾人。为了解决这种恶心事，我们引入了一个方案，即团队可以把两个“团队障碍”分配给经理去解决。

规则如下。

1. 在任何时刻，经理都可以同时处理两个问题。

2. 如果配额满了，可以把不重要的一个拿走，放进新的来。

3. 问题怎样才算解决由团队说了算。

这个方案效果不错。团队突然就看到了经理在帮助他们解决疑难问题。他们可以指着问题问："现在搞定了没？"这些贴出来的东西不会石沉大海，也不会被其他突发事件冲掉。

我可以举一个例子。比如运维团队发现了一个bug，他们需要定位是哪部分系统出的错，但是开发人员都忙着开发新东西，忙着冲刺，没法抽身帮忙，于是问题就堆积起来了。毫无疑问，这就让运维团队觉得开发人员对质量不够关心。

出现这种问题以后，团队首先上报到一线经理，然后再报到部门经理。部门经理就跟开发主管碰头，双方一致认为质量优先，商议得出一个轮换责任制方案，即在每个Sprint里面，都有一个开发团队随时待命，为运维服务。开发主管又去请示他的领导，得到同意以后，列出一个联系人名单给了运维团队。运维的人对这种做法相当不信任，拿了名单就开始叫人，想试试好不好使。但开发主管早就对这些开发人员做好了心理建设，所以基本上是随叫随到。这样一来，运维团队就解脱了。

哪种做计划的方法好呢

先讲一个故事

我还依稀记得有一次在一个团队里面发生的转机。那是在他们的第二次估算会议上。他们的那个项目让他们很纠结，不知道怎么做估算才好。未知的因素太多，会议一度无法继续。我没有干预，而是请他们自己调整估算过程，找出合适的方案。在经理的带领下，他们努力突破困难，设计了一种适合自己的估算方法。这件事情是个很重要的转折点，自此开始，他们真正融合成了一个充满自信的团队。而后他们便迅速地成长起来，我们不得不彻底放手，让他们自行发展。

过了两个月，他们做完一次回顾以后，经理过来找我，"我有个问题，"他指着Kanban图说，"我们现在几乎没有什么问题了，现在该做什么呢？"

重塑计划会议

把全体成员凑到一起用计划扑克作估算，这种方式对任何运维团队几乎都不管用。如果你想要理由的话，我就给你一些。

1. 团队内的知识极其不均衡。

2. 大多数时间只有一个人说话。

3. 大家都想解决当下的燃眉之急。

我所在的这些团队，通过不断的尝试和实践，独立创造出了两种不同的估算方法。每一种在他们那里都运作良好。

方法1：轮换和评审

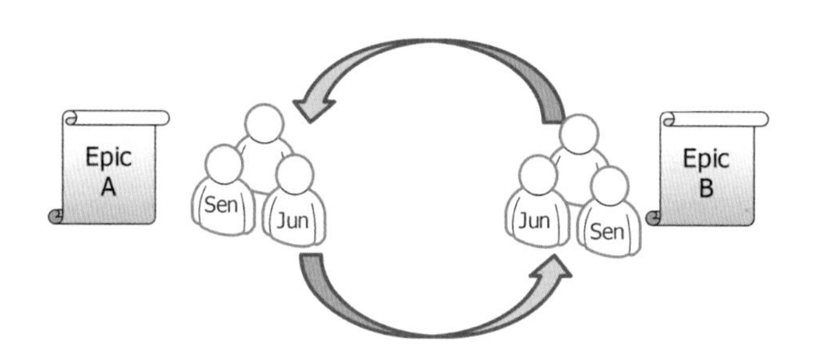

- 给每个项目或故事都分配两个人做估算，一个资深，一个资历尚浅，例如一个人很熟悉这个故事，另一个不熟悉。这有助于传播知识。
- 其他人可以选择帮忙参与哪个故事的估算，每个故事最多4个人参加，保证讨论效率。
- 每个估算团队都对手头的故事做任务分解，有必要的话也对任务做估算。
- 估算完以后就交换故事，检查对方的工作，每个团队留一个人解释估算的理由。
- 搞定！

整个估算会议一般要花45分钟左右，从头到尾大伙都能保持精力充沛。交换故事以后，通常也就是稍稍调整一两处就行了。

方法2：先让资深的人观其大略，再做估算

在估算之前，先让两个资深的人把要做的故事/项目大致上过一遍。他们在分析各种架构方案之后选定最适合的一个。做完这个以后，大家再凑过来，用架构方案当起始点，把故事拆分成任务。

在迭代计划会议上，另一个团队的人评审任务分解的结果

度量什么呢

可以度量的东西很多，比如循环周期（从提出需求到交付的全部时间）、生产率、队列及燃尽率……这里最关键的问题是，哪项度量数据可以用来改进流程。我的建议是先试验一下，找出最适合你自己的。我们在这方面有些教训，比如燃尽图对于1～4周的项目来说就太笨重了。即使没有燃尽图，在Kanban图上还是能看出基础进度信息的。在backlog里有多少故事，做完了多少故事。

候选度量项	优点	缺点
循环周期	容易度量，不需要估算。始于客户，终于客户	没有考虑规模
整体生产率（统计所有类型的工作）	比较粗略，但是可以指示出改进和变化的方向	对于某种特定类型的工作来说，无法从整体生产率上看出交付日期
每种工作类型对应的生产率	比整体生产率更为精确	只有从需求的起始点一直到交付点全程计算，这种数值才是有意义的 比整体生产率要多花时间进行追踪
队列长度	可以很快指示出需求的波动。容易可视化	它不能告诉你波动是由不均衡的需求导致的，还是由不均衡的能力导致的 空队列可能实际上表示的是团队超负荷工作

我们一开始度量的是“每种工作类型对应的生产率”和“队列长度”。前一项比较好算，也确实管用。后一项始终指示着我们的工作状态，抬头就看得到（只要你知道往哪看）。

瓶颈和契机如下图所示。红色区域显示出队列已满，测试成了瓶颈。而support那一栏的空队列表示一旦来了新的支撑工作就会马上被处理。它体现了团队优秀的服务品质。

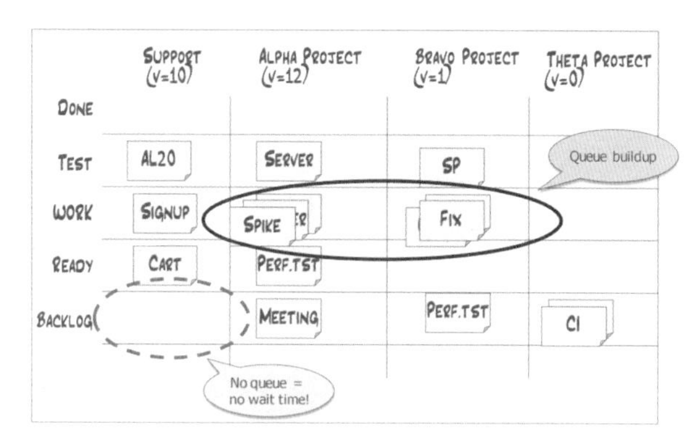

我们没有用堆积流图，不过应该也很不错。

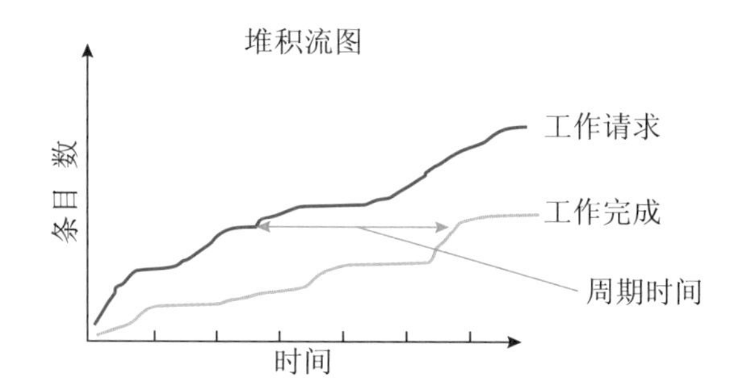

因为Kanban图和生产率图所提供的信息已经够用了，所以我们就没有用堆积流图，至少在当前成熟度不高的情况下还用不到。但我们依然可以很容易发现瓶颈、不均衡生产、超负荷，把这些问题解决掉，就已经够让我们在前六个月里忙活的了。

忽然之间，一切都不一样了

在引入Kanban的三个月后，IT部门中的系统管理员团队被授予了“最佳绩效奖”。同时，他们还在公司的总结表彰大会上位列“最佳贡献奖”三甲。这个总结表彰大会是在整个公司范围内举行的，每6周一次，这还是第一次有一个团队出现在前三名里面！可就在三个月前，这个团队还是IT运作的瓶颈，所有人都在抱怨它们。

很明显，他们的服务品质大大提升了。这是怎么做到的呢？

一切都始于所有人的齐心协力。经理跟团队达成共识，有了明确的工作重心——经理保护团队不受无干事情的干扰，团队为质量和交付期限负责。这一切大概花了三四个月才渐渐成形，但自那以后就顺流直下了。倒不是说所有问题都消失了（那我们就没活干了是吧？），我们现在面对的是新的挑战："当团队已经不是瓶颈以后，怎么让他们保持持续改进的动力呢？"

促成自组织团队的措施中，有一点非常关键，那就是"每个开发团队配备一个运维的联系人"。这也就意味着，每个开发团队都在运维团队中有一个专属的联系人，给他们提供支持。正因为有Kanban，我们才能实现这种安排。Kanban让运维团队自我组织起来管理工作，避免了负担过重，推动了持续改进。在这之前，队列中的任务被谁领了说不定，领的人有没有能力做好也说不定，做完就算完了；这个过程中，一旦出现任何沟通上的问题，就得重新发起一个支持请求，一切从头再来。我们成功实施"一对一"概念以后，如果出现质量问题影响系统运行，支撑团队就可以迅速做出响应。

让我们开心的是，没过多久，这两支团队的沟通方式就进化了：运维人员开始跟他们熟悉的开发人员用IM交流，更擅长写字的人就发邮件，需要以最快方式解决问题的时候就打电话。

在此之前：一线经理是主要的沟通接口。任何重要的事情都必须经过他才行。小问题——一般是开发人员的问题——会通过缺陷跟踪系统发送。很少有人与人之间的交流，如下图所示。

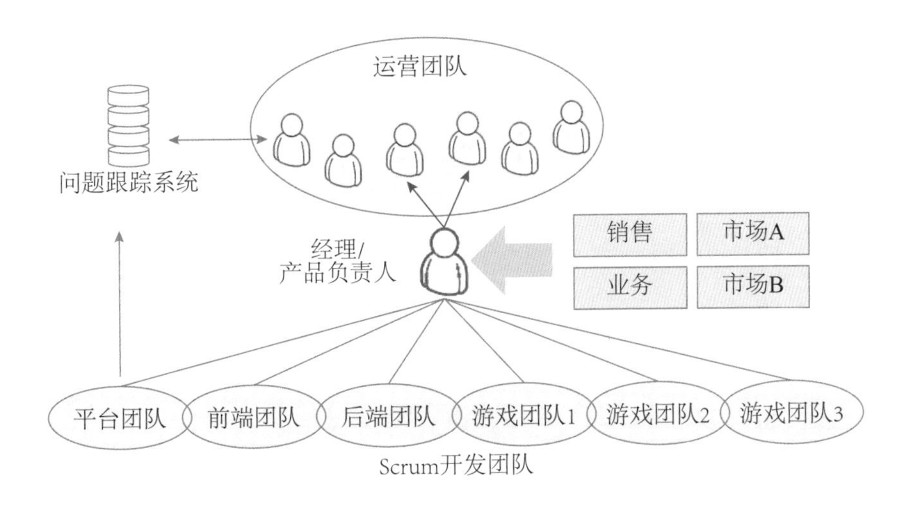

在此之后，"每个开发团队配备一个运维的联系人"方案落地。开发团队直接跟运营团队中指定的联系人沟通。运营团队用Kanban图自我管理工作。经理的关注点成了给规模更大的项目划分优先级，有困难的时候为团队提供支持，如下图所示。

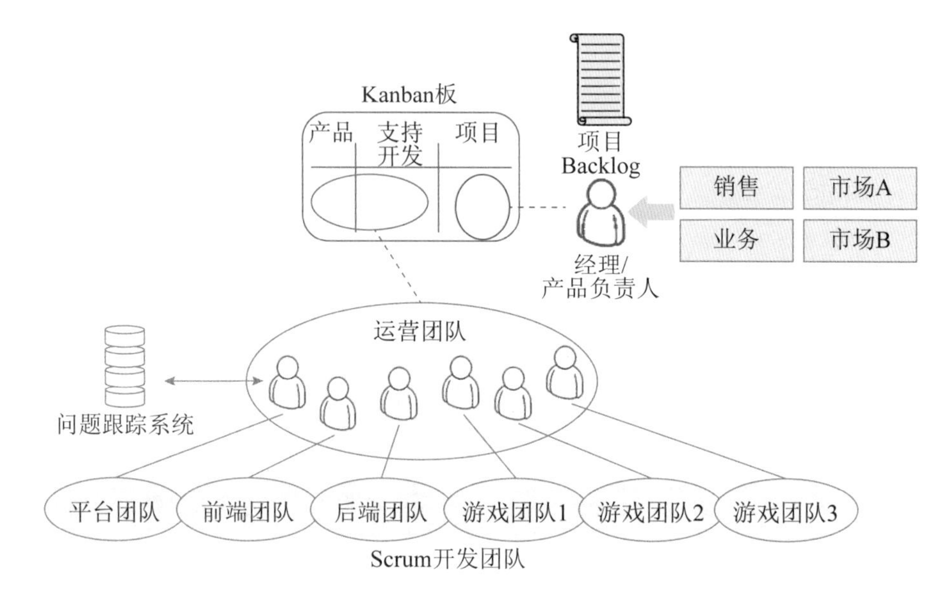

这一切给团队的业绩带来了什么影响呢？

如下图所示，整体生产率和项目生产率，以每周“完成”的故事点数度量。项目生产率表示的是为“项目”这一列做的工作（规模比较大的任务，比如升级硬件平台）。两次比较严重的生产率下降有两个原因：（1）几乎所有人出去旅游了一周；（2）有一次大型的发布。

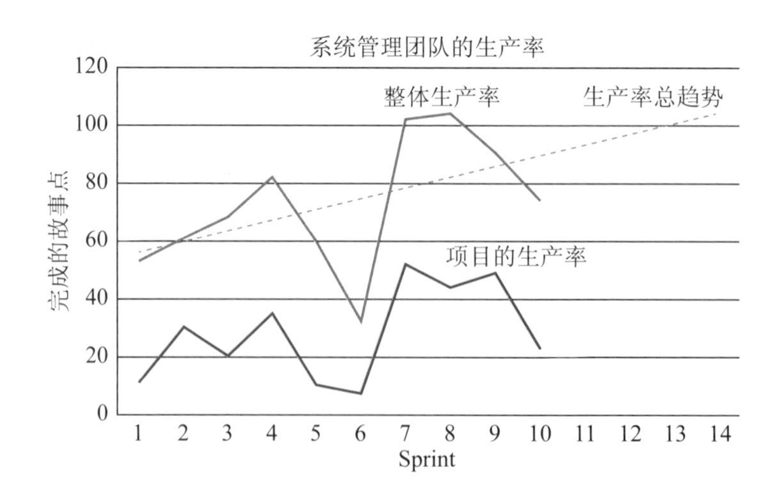

所以，整体来看，趋势还是比较乐观的。与此同时，团队还在知识分享上下了功夫，他们开始结对编程了。

我们再来看看DBA团队的绩效。如下图所示，整体生产率和小型的支持任务。中间的下降是因为圣诞节。

生产率的整体趋势是上升的，但是也有很大的起伏。这些波动促使团队开始监控小型支持任务的数量，这种任务通常耗时很短，不值得往Kanban图上放。可以看到，下图很明显地显示出了支持任务数量跟整体生产率的反比关系。

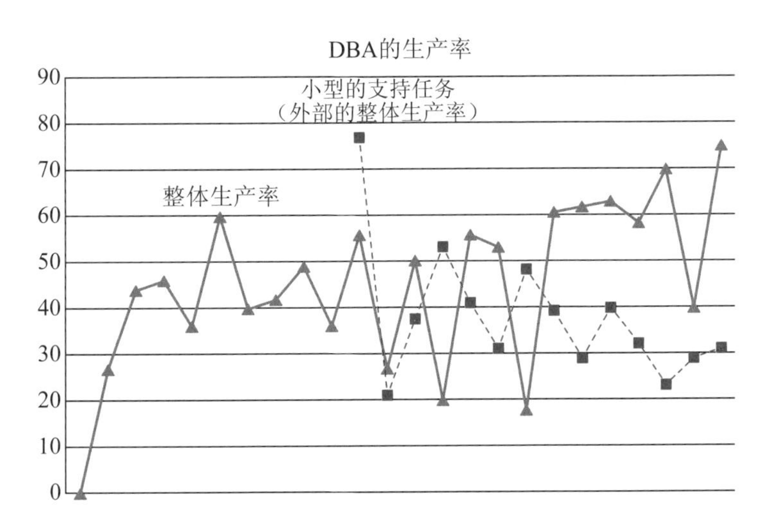

支持团队比其他两个团队（DBA和系统管理员）实施Kanban的时间晚，所以我们到目前为止还没有什么可靠的数据。

成长历程

在刚开始的时候，随随便便就能找出要解决的问题来，但想发现从哪里下手改进可以获得最大的收益，这就很困难了。Kanban图提升了整体的透明度，不但让问题暴露得更明显，也促使我们思考更重要的问题，如流动、变数和排队。我们开始通过排队识别问题。实施Kanban之后4个月，经理们大幅削减了一直给团队带来伤害的变数。

团队从个体进化成自我组织的单元以后，经理们也意识到自己的领导力面临着新的挑战。他们要面对更多来自人的问题，处理抱怨、定义共同愿景、解决冲突、谈判协商。这个过程始终与痛苦相伴，他们也承认，学习这些东西需要技巧和精力。但他们迎难而上，最后成了更优秀的领导者。

经验心得

随着在制品的减少，限制开始现形

所有团队一开始都给WIP的上限设了个比较高的值。那时候大伙的大部分精力都用来让工作流动起来，让组织能够得到必需的支持。

刚开头，经理们还想着并行开展多个项目，没过几周，大家就看出来了，团队根本就没有富余的精力处理低优先级的项目。往Kanban上扫一眼就发现，低优先级的东西连碰都没人碰。经理就只好减少每个团队并发的项目数。

后来，流动顺畅起来以后，我们就开始严格控制WIP上限。我们把同时开展的项目（下图中的各列）数量从三减到二，再减到一。在这个过程中，团队之外的限制条件就暴露出来了。有些团队成员就报告说他们没有及时得到帮助，经理也开始把心思放到这类问题上面。

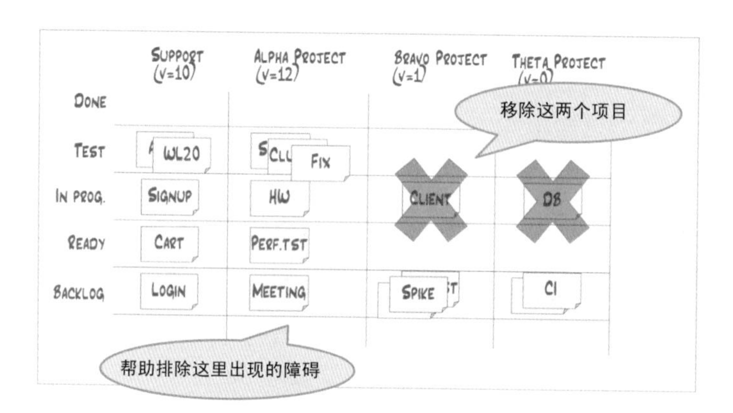

同时暴露的还有另外一个问题，其他团队引入的缺陷会严重影响本团队的效率。如果进入到队列里面的任务一直都有问题需要返工的话，要维持顺畅快速的流动就太难了。

在我们开始之前，这些问题一直隐藏着。这个事情的本质就是识别“哪个问题要优先解决”并达成共识。有了Kanban以后，每个人都能看到某个具体的问题如何影响了流动，就更容易积攒力量，解决跨越组织界限的问题。

图随时会变，别刻在墙上

所有的Kanban图都会发生变化。在团队最终找到最适合自己的那一款之前，通常都要修改上两三次。所以最开始就不要浪费大量时间来修理样式了。但一定要做得改起来方便。我们用黑色胶带来划分行列，这个很容易撕下来重贴，不管在墙上还是白板上都一样好用。我还见过用粗记号笔来画线的，这个可千万要确定能擦掉啊……

下图是优化布局的一个典型示例。因为刚开始的时候优先级会变化得很频繁，为了避免把一整列的贴纸前前后后地挪动，早期的Kanban形态，用贴纸指示优先级，团队在每一列的列头上面都贴了张纸，表示优先级是多少。

不要害怕尝试和失败

在这次探险的旅程中，我有了一点感悟：探索是永无止境的。在某个地方失败过了，我们就知道这条路有问题了。人生本就是永无休止的探索和学习。没有失败就没有积累。我们犯过很多错，比如糟糕的Kanban设计、错误的估算、多余的燃尽图……但每次我们都能学到很重要的新知识。如果没有尝试，哪来的这些经验呢？

Kanban的成功实施也激励了管理团队和Scrum开发团队，他们也试着用上了Kanban。希望这本书对他们有帮助！

结语

一切从回顾开始！

要思考的事情太多了？希望这本书可以驱散你眼前的迷雾。它至少对我们是管用的。:o）

如果你打算改进流程的话，我们现在就可以帮你做个决定。要是你们没有经常做回顾，那就从回顾开始吧！你要确保回顾可以带来真正的变化。在需要的时候可以找个外援做主持。

一旦有了真正有效的回顾，你就迈上了通往持续改进之路的旅程，这条路的尽头是恰好适合你所在环境的流程，不管它是基于Scrum，还是XP、Kanban，还是几者的混合，等等。

千万不要停止试错！

Kanban或Scrum不是我们的目标，持续学习才是。软件开发中最重要的事情就是快速反馈，这也是学习的关键点。要用好反馈！质疑一切，尝试，失败，学习，继续尝试。不要总想着一开始就能把事情做好，因为你做不到！选一个地方开始，不断改进就行了。

没有从失败中成长才是真正的失败。

但你还是能学到东西的，没有从“没有从失败中成长才是真正的失败”中成长才是真正的真正的失败……

祝你好运！

亨里克&马蒂斯（Henrik & Mattias）2009年于斯德哥尔摩

H：我们写完了么？

M：我觉得写完了，咱们就到此为止吧。

H：我们得告诉他们我们是谁吧？

M：有道理。如果我们把自己描述的很有爱，说不定还能有咨询的机会找上门呢！

H：那就干吧！写完就完活儿了。

M：是啊，不管咱们还是手里捧着书在看的读者，都还有别的事情要干呢！

H：嘿嘿，其实我马上就要休假了。

M：你大爷的，别扯这事儿了，行不？！

作者简介

H&M（MHenrik Kniberg和Mattias Skarin）是两位咨询师，在斯德哥尔摩的Crisp公司工作。他们喜欢从软件开发中技术和人的角度帮助其他公司取得成功。他们已经让许多企业应用了精益和敏捷原则。

亨里克（Henrik Kniberg）

亨里克·克里伯格henrik.kniberg@crisp.se）是一名咨询师，在斯德哥尔摩的Crisp公司（www.crisp.se）工作。他的专长是Java和敏捷软件开发。

在过去的二十年中，他曾担任三家瑞典IT公司的CTO，帮助过很多客户改进流程。他是一名Scrum认证讲师，经常跟精益和敏捷社区中的活跃人士合作，如苏瑟兰、波朋迪克和大卫（Jeff Sutherland、Mary Poppendieck和David Anderson）。

他的第一本书《硝烟中的Scrum和XP》（也就是本书前一部分）拥有15万读者，是这类话题中最流行的书。他曾多次在国际会议中获颁最佳讲师奖。

自从第一本有关XP的书籍和敏捷宣言问世以来，他就开始拥抱敏捷原则，并尝试在不同的组织中进行有效应用。在1998年至2003年间，他作为Goyada的联合创始人和CTO，构建并管理一个技术平台和30人的开发团队，充分试验了测试驱动开发及其他敏捷实践。

在2005年末，他签约瑞典一家游戏行业公司，作为该公司的开发部门主管。当时该公司的形势危如累卵，组织管理及技术方面的问题极其严峻。通过使用Scrum和XP，亨里克将敏捷和精益原则贯彻到公司的各个方面，帮助公司走出了困境。

2006年11月的一个星期五，他因为发烧生病而在家卧床休息。于是，他决定记录下在过去几年中所学到的知识。不过一经启动，他就再难搁笔，经过三天的疯狂，这份最原始的记录已经扩成长文“硝烟中的Scrum和XP”，英文版下载量超过18万。

亨里克走了一条全面发展的“斜杠之路”，他在各种角色之间怡然自乐：经理、开发人员、Scrum Master、教师与教练。他一直致力于帮助公司构建优秀软件与优秀团队，充当各种必不可少的角色。

亨里克在日本东京长大，目前与他的妻子索非亚和两个孩子生活在斯德哥尔摩。他在空闲时间还是一名活跃的音乐家，跟当地乐队一起创作乐曲，玩贝司和键盘。

以下网站上有他的更多信息：

http://www.crisp.se/henrik.kniberg

henrik.kniberg<at>crisp.se

http://blog.crisp.se/henrikkniberg

http://www.crisp.se/henrik.kniberg

马蒂斯·斯加林（Mattias Skarin）

马蒂斯是一名精益教练，帮助软件公司从精益和敏捷的实施中获益。他的擅长领域涵盖了从开发到管理的各个层面。他曾经帮助一家游戏开发公司把开发周期从24个月缩减到4个月，使公司重新建立了对整个开发部门的信任。他是Kanban的早期实践者之一。

他曾经创建过两家公司。

玛蒂斯在质量管理专业拥有科学硕士学位，做了二十年的核心业务系统开发。

他住在斯德哥尔摩，喜欢摇滚舞蹈和竞速滑雪。

以下网站上有他的更多信息：

mattias.skarin<at>crisp.se

http://blog.crisp.se/mattiasskarin

http://www.crisp.se/mattias.skarin